微分積分学

石 川 琢 磨
植 野 義 明
中 根 静 男
共　著

学術図書出版社

はじめに

　東京工芸大学工学部では，専門の教育を受けるにあたり，理解していないと困るような数学の基本の部分を取り上げて，その意味を丁寧に説明し，計算力を身に付けさせるという方針で数学教育を行っている．

　学生諸子からは，独力で読みこなせるテキストがほしいという要望が強く，その要望に応えるために，これまでの教育経験を踏まえて，基本を丁寧に解説することを目的とした教科書を数学教員が分担して執筆することにした．

　今回作成した教科書は，基礎数学，微分積分学，線形代数の3分冊とした．

　本書「微分積分学」は，微分積分の基礎力を身に付けることを目的としている．「基礎数学」の内容を理解した後，その知識をもとに工学部の専門分野で使われる数学の基礎を身に付けることを目的としている．

　本書の執筆に際して，「高校で数学を十分には学習してこなかったが，専門教育を受けるにあたって，ひどい困難を感じないで済むように準備しておきたい」学生のために役に立つようにと心掛けた．高校2年までの数学に不安を感じる場合は，まず「基礎数学」で復習を済ませておいてほしい．その上で本書を読むことを勧める．「専門教育で使われる数学の基礎知識を身に付けておく」という目的のためには，技巧を必要とする計算や，複雑な計算などは必要ないので省いてある．基本的な概念の意味が理解できることを主眼とし，取り上げた内容も東京工芸大学工学部で初年次に実際に教育しているものだけに限定した．

　説明もできるだけ簡潔で過不足のないものにしたいと考え，数学的な厳密さにはこだわらずに，直観的に理解しやすいものにしたつもりである．まず，直観的に理解でき，いろいろな問題を解けるようになることが大事である．後で必要がでてきたら厳密な考え方を学んでゆけばよいと思う．そのために，厳密な定義や概念の細かい区別は意識して立ち入らず，わかりやすさを第一として

解説した．初学者にとっては詳しく説明するとかえって混乱すると思われる場合は，あえて説明をせずあいまいなままに論を進めた．

　本書は各章を節に分け，1つの節がおよそ1回90分の講義の分量となるようにした．本文中に例題をおき理解しやすくし，その直後においた問 (練習問題) は，例題の解説を読めばすぐに解けるように配慮した．例題の説明は独力で読めるよう，途中の式も極力丁寧に書くようにした．各節末の問題も授業でそのまま演習問題として使えるように，難易度が例題と同程度の問題を載せた．問および節末問題のうち，計算問題については計算間違いかどうかを確認できるよう解答の結果のみを付けた．

　最後の章 (2変数関数の微分積分) では専門分野でよく使われることが多く説明してあり，それまでの説明に比べてやや難しいと感じられるかもしれない．その場合，それ以前の部分を必要に応じて復習しながら，あわてずにじっくりと読み進めれば必ず理解できると思う．

　「発展」と「付録」では，さらに進んだ内容や専門分野への応用について解説したので，意欲のある人は読んでほしい．

　　　2008年10月

著者一同

目　次

第 1 章　関数と極限　　1
　1.1　関数と極限 2
　1.2　指数関数・対数関数 10
　1.3　弧度法と三角関数 15
　1.4　逆三角関数 22

第 2 章　微　分　法　　25
　2.1　導　関　数 26
　2.2　微分法の公式 (1) 31
　2.3　指数関数と対数関数の微分法 38
　2.4　三角関数の微分法 42
　2.5　微分法の公式 (2) 46

第 3 章　不 定 積 分　　51
　3.1　簡単な関数の不定積分 52
　3.2　置 換 積 分 法 58
　3.3　部 分 積 分 法 63

第 4 章　微分法の応用　　67
　4.1　高 階 導 関 数 68
　4.2　テイラー級数 74
　4.3　平均値の定理 80
　4.4　テイラーの定理 85
　4.5　極限の計算 88
　4.6　関数の値の変化 92

第5章 定積分の計算と応用　　103

- 5.1　定積分の定義と性質　　104
- 5.2　微分積分学の基本定理　　109
- 5.3　定積分の計算　　112
- 5.4　広義積分　　120
- 5.5　面積・体積　　125
- 5.6　曲線の長さ　　129

第6章 2変数の関数の微分積分　　133

- 6.1　2変数の関数と極限　　134
- 6.2　偏微分と全微分　　138
- 6.3　高階偏導関数　　144
- 6.4　合成関数の微分法　　146
- 6.5　線積分　　150
- 6.6　テイラー級数　　156
- 6.7　極大・極小　　159
- 6.8　2重積分の定義・簡単な場合の計算　　168
- 6.9　2重積分の計算・累次積分　　172
- 6.10　極座標への変数変換　　175

付録 A　　179

- A.1　公式 2.6 の証明　　180
- A.2　定理 5.5 の証明　　182
- A.3　公式 5.3 の証明　　183
- A.4　公式 5.5 の証明　　184
- A.5　収束半径　　185
- A.6　平均値の定理・テイラーの定理の証明　　187
- A.7　テイラーの定理の応用　　192

索引　　198

1

関数と極限

微分積分の基礎は関数の極限という概念である．ここでは極限値とその計算法について学ぶ．

1.1 関数と極限

◇ 関数とは何か

いろいろの数の代わりに x, y という記号で表し，この x, y の間に $y = \dfrac{1}{x}$ という関係がある場合を考えよう．x がある数であるとき，それに伴い y がどんな数になるかが決まる．ただし分母が 0 ではいけないので，x は 0 となることはできない．x は，それ以外の数ならどんな数にもなることができ，それに対して y が 1 つ決まる．このような場合，y は x の関数であるという．

上で考えた $y = \dfrac{1}{x}$ のように，x を y に結び付ける仕方を一般に $y = f(x)$ などと表す．記号は x である必要はなく，たとえば t としてもよい．その場合，$y = f(t)$ となる．$f(x) = \dfrac{1}{x}$ ならば，$f(t) = \dfrac{1}{t}$ であり，$f(u) = \dfrac{1}{u}$ である．

さて，$y = f(x) = \dfrac{1}{x}$ とする．x を**独立変数**といい，y を**従属変数**という．このとき，x について特に何も定めていないときには，x は 0 以外の数を考えている．これは $x = 0$ に対して $\dfrac{1}{x}$ が存在しないからである．この x の数の範囲を**定義域**という．定義域内の数 x をいろいろ変えていくと，それに対応して y がいろいろ変わる．この数 y の範囲を**値域**という．

関数 $y = \sqrt{1 - x^2}$ を考えよう．通常，関数は定義域も含めて定義するが，この例のように定義域について何も指定がなければ，変数や関数の値は実数であるとしている．この例では，y の値が実数となるためには，x の値は $x^2 \leqq 1$ すなわち $-1 \leqq x \leqq 1$ に制限される．x がこの範囲の値をとるとき，y のとり得る値は $0 \leqq y \leqq 1$ に制限される．したがってこの場合，変数 x のとり得る値の範囲を定義域，変数 y の値の範囲を値域とする．

変数 x の値の範囲 $(a \leqq x \leqq b)$ を $[a, b]$ で表し，これを (a, b を端点とする) **閉区間**という．また，$(a < x < b)$ を (a, b) で表し，(a, b を端点とする) **開区間**という．さらに，$(a \leqq x < b)$ を $[a, b)$，$(a < x \leqq b)$ を $(a, b]$ のように表す．

変数 x と $y=f(x)$ の値の組を平面座標の点 (x,y) として表す．これらの点の集合は，曲線となる．これを関数 $f(x)$ の**グラフ**という．

関数 $f(x)$ が区間 I で定義されているとき，I において $x_1 < x_2$ ならば $f(x_1) < f(x_2)$（$f(x_1) > f(x_2)$）が成り立つとき，関数 $f(x)$ は I で**増加 (減少)** であるという．増加または減少であることを**単調**であるという．関数 $f(x)$ が定義域で増加 (減少) ならば，$f(x)$ は**増加関数 (減少関数)** であるという．

関数 $g(x)$ の値域が関数 $f(x)$ の定義域に含まれるとき，x に対し $f(g(x))$ を対応させることを考え，これを**合成関数**という．この合成関数を $(f \circ g)(x)$ と書くこともある．

関数 $y = f(x)$ が単調関数のとき，値域に含まれる任意の値 y に対して $y = f(x)$ で結び付けられる x の値を対応させる．この対応を表すものを $f(x)$ の**逆関数**とよび，$f^{-1}(x)$ で表す．

◇ 関数の極限

$y = f(x)$ が与えられたとする．x が a でない値をとりながら，a よりも右側 (a より大きい) から，および左側 (a より小さい) から a に限りなく近づくとき，$f(x)$ が一定の値 α に限りなく近づくならば，$f(x)$ は α に収束するといい，α を**極限値**という．x が a に限りなく近づくことを $x \to a$ と表す．

ある小さな正の数を ε として，$\varepsilon \to 0$ のとき，$f(a+\varepsilon) \to \alpha$ かつ $f(a-\varepsilon) \to \alpha$ ならば，これを $\lim_{x \to a} f(x) = \alpha$ と書く．

例題 1.1 $f(x) = \sqrt{1+x} + \sqrt{1+3x}$ のとき，$\lim_{x \to 0} f(x)$ を求めよ．

解答 x を単純に 0 に近づけていけばよい．
$$\lim_{x \to 0} f(x) = \sqrt{1+0} + \sqrt{1+0} = 2$$

問 1.1 $f(x) = \sqrt{1+5x} + \sqrt{1-3x}$ のとき，$\lim_{x \to 0} f(x)$ を求めよ．

関数の極限値については，次のような関係が成り立つ．

公式 1.1

$\lim_{x \to a} f(x) = \alpha$, $\lim_{x \to a} g(x) = \beta$, c を定数とするとき

$$\lim_{x \to a} \{cf(x)\} = c\alpha$$

$$\lim_{x \to a} \{f(x) \pm g(x)\} = \alpha \pm \beta \quad \text{(複号同順)}$$

$$\lim_{x \to a} \{f(x)g(x)\} = \alpha\beta$$

$$\lim_{x \to a} \frac{f(x)}{g(x)} = \frac{\alpha}{\beta} \quad (\beta \neq 0)$$

変数 x の値が限りなく大きくなっていくとき $x \to \infty$ と表し,記号 ∞ を無限大とよぶ. $f(x) = \dfrac{1}{x^2}$ の場合, x が 0 に近づいていくと,関数 $f(x)$ は限りなく大きくなる.このとき $f(x)$ は (正の) 無限大に**発散**するといい,$\lim_{x \to 0} f(x) = \infty$ と表す.また $f(x) = -\dfrac{1}{x^2}$ の場合, x が 0 に近づいていくと,関数 $f(x)$ は負で,その絶対値が限りなく大きくなる.このとき,$f(x)$ は負の無限大に発散するといい,$\lim_{x \to 0} f(x) = -\infty$ と表す.

例題 1.2 $f(x) = \dfrac{x^2 + 2x - 1}{x^2 + 1}$ のとき, $\lim_{x \to \infty} f(x)$ を求めよ.

解答 この場合はそのままでは $\dfrac{\infty}{\infty}$ となってしまい,極限値が求められない.$\lim_{x \to \infty} \dfrac{1}{x} = 0$ となることはすぐわかるので,はじめの $f(x)$ の分母分子を x^2 で割ってしまう.すると $f(x) = \dfrac{1 + \dfrac{2}{x} - \dfrac{1}{x^2}}{1 + \dfrac{1}{x^2}}$ となるので,

$\lim_{x \to \infty} f(x) = \dfrac{1 + 0 - 0}{1 + 0} = 1$ と求まる.

問 1.2 $f(x) = \dfrac{x^2 + 5x + 2}{2x^2 + 3x + 1}$ のとき, $\lim_{x \to \infty} f(x)$ を求めよ.

極限値が簡単に求められない別の例を考えよう.

例題 1.3 $f(x) = \dfrac{x^2-1}{x-1}$ のとき，$\displaystyle\lim_{x\to 1} f(x)$ を求めよ．

解答 x に 1 を代入すると，分母分子ともに 0 になってしまう．仕方がないので，少しずつ 1 に近づけてみよう．

(1) $x = 1.1$ のとき，$f(x) = 2.1$ である．
(2) $x = 1.01$ のとき，$f(x) = 2.01$ である．
(3) $x = 1.001$ のとき，$f(x) = 2.001$ である．
(4) 以上から，$x \to 1$ のとき，$f(x)$ は 2 に近づくと予想される．

結局，分子分母ともに 0 に近づいていくのだが，0 からの近さの比が一定の割合 (この例では 2) になることを意味している．

これを正しく計算するには，因数分解して，分母分子を 0 にする因子を約分してから x の値を 1 に近づけるのである．すなわち，
$f(x) = \dfrac{(x-1)(x+1)}{x-1} = x+1$ としておいて，x を 1 に近づけると，
$\displaystyle\lim_{x\to 1} f(x) = 1+1 = 2$ となる．∎

問 1.3 $f(x) = \dfrac{x^2+5x-6}{x-1}$ のとき，$\displaystyle\lim_{x\to 1} f(x)$ を求めよ．

例題 1.3 の場合のように，そのまま x を行き先の値に近づけようとすると $\dfrac{0}{0}$ のようになってしまうものを**不定形**という．この他に不定形には $\dfrac{\infty}{\infty}$，$0 \times \infty$ などがある．

例題 1.4 $f(x) = \dfrac{\sqrt{1+x}-1}{2x}$ とする．

(1) $x = 0.01$ のとき，$f(x)$ はいくらか．
(2) $x = 0.001$ のとき，$f(x)$ はいくらか．
(3) $x \to 0$ のとき，$f(x)$ はどんな値に近づくと予想されるか．

解答 (1) 0.249375, (2) 0.2499, (3) 以上から $0.25 = \dfrac{1}{4}$ に近づくと予想される．∎

例題 1.5 $f(x) = \dfrac{\sqrt{1+x}-1}{2x}$ とする．分子を有理化 (分母分子に $\sqrt{1+x}+1$

を掛ける) し，約分をした後，$\lim_{x \to 0} f(x)$ を求めよ．

解答
$$f(x) = \frac{(\sqrt{1+x}-1)(\sqrt{1+x}+1)}{2x(\sqrt{1+x}+1)} = \frac{(\sqrt{1+x})^2 - 1}{2x(\sqrt{1+x}+1)}$$
$$= \frac{x}{2x(\sqrt{1+x}+1)} = \frac{1}{2(\sqrt{1+x}+1)}$$

こうしておいて，最後に x を 0 に近づけると，極限値は $\dfrac{1}{4}$ となる．

問 1.4 $f(x) = \dfrac{\sqrt{1+3x}-1}{5x}$ とする．$\lim_{x \to 0} f(x)$ を求めよ．

極限値が直接求められない場合に役に立つのが次の定理である．

定理 1.1　はさみうちの原理

$f(x) \leqq h(x) \leqq g(x)$ が成り立ち，$\lim_{x \to a} f(x) = \alpha$, $\lim_{x \to a} g(x) = \alpha$ であるとき，
$$\lim_{x \to a} h(x) = \alpha$$
となる．

例題 1.6 $f(x) = x \sin \dfrac{1}{x}$ とする．このとき $\lim_{x \to 0} f(x)$ を求めよ．

解答 $x \to 0$ のとき，$\sin \dfrac{1}{x}$ がどんな値になるか決まらない．しかし，$-1 \leqq \sin \dfrac{1}{x} \leqq 1$ なので，$x > 0$ のとき，$-x \leqq x \sin \dfrac{1}{x} \leqq x$ が成り立つ．$\lim_{x \to 0}(\pm x) = 0$ であるから，はさみうちの原理によって $\lim_{x \to 0} f(x) = 0$ となる．$x < 0$ の場合も，同様にして計算できる．

問 1.5 $f(x) = x^2 \sin \dfrac{1}{x}$ とする．このとき $\lim_{x \to 0} f(x)$ を求めよ．

◇ 片側極限値

x がある値 a に，a と異なる値をとりながら右側 (a より大きい方) から限りなく近づくことを $x \to a+0$ と表し，左側 (a より小さい方) から限りなく

近づくことを $x \to a-0$ と表す．これに対応して $\lim_{x \to a+0} f(x)$ を**右側極限値**，$\lim_{x \to a-0} f(x)$ を**左側極限値**，両方をまとめて**片側極限値**という．特に $a=0$ の場合は，$\lim_{x \to +0} f(x)$，$\lim_{x \to -0} f(x)$ と表す．

例題 1.7 関数 $f(x)$ が次のように定義されている．

$$f(x) = \begin{cases} x-1 & (x<1) \\ 1 & (x=1) \\ x+1 & (x>1) \end{cases}$$

このとき，極限値 $\lim_{x \to 1-0} f(x)$, $\lim_{x \to 1+0} f(x)$ を求めよ．

解答 $\lim_{x \to 1-0} f(x) = 0$, $\lim_{x \to 1+0} f(x) = 2$

問 1.6 符号関数 $\mathrm{sgn}(x)$ は次のように定義される．

$$\mathrm{sgn}(x) = \begin{cases} \dfrac{x}{|x|} & (x \neq 0) \\ 0 & (x=0) \end{cases}$$

次の極限値を求めよ．

(1) $\lim_{x \to -0} \mathrm{sgn}(x)$ (2) $\lim_{x \to +0} \mathrm{sgn}(x)$

◇ 連続関数

ある関数 $f(x)$ が $x=a$ において，次の条件

(1) $f(a)$ が定義されている

(2) $\lim_{x \to a-0} f(x) = \lim_{x \to a+0} f(x) = f(a)$

を満たすとき，$f(x)$ は $x=a$ で**連続**であるという．

関数 $f(x)$ が区間 I のすべての点で連続であるとき，I で**連続**であるという．連続関数のグラフは曲線になる．連続関数については以下のような定理が成り立つ．

定理 1.2

関数 $f(x), g(x)$ が $x = a$ で連続であるとき,次の関数も $x = a$ で連続である.

(1) $cf(x)$ (c は定数)
(2) $f(x) \pm g(x)$
(3) $f(x)g(x)$
(4) $\dfrac{f(x)}{g(x)}$ (ただし $g(a) \neq 0$)

定理 1.3 最大値最小値の定理

閉区間 $[a, b]$ において連続な関数は,その区間において最大値と最小値をもつ.

定理 1.4 中間値の定理

関数 $f(x)$, が閉区間 $[a, b]$ で連続で,$f(a) \neq f(b)$ であるとき,$f(a) < k < f(b)$ または $f(a) > k > f(b)$ を満たす任意の値 k に対して

$$f(c) = k \quad (a < c < b)$$

を満たす点 c が存在する.

いずれも証明は省略する.

節末問題

1. $y = \sqrt{x-3}$ の定義域と値域は何か.
2. $y = \sqrt{x-3}$ のグラフをかけ.
3. $f(x) = \sqrt{x-3}$ に関して $f(x+y) = f(x) + f(y)$ は成り立つか.
4. 次の極限値を求めよ.

(1) $\displaystyle\lim_{x \to 1} \dfrac{x^3 + 2x^2}{2x^3 - x}$ (2) $\displaystyle\lim_{x \to 1} \dfrac{x^3 - 1}{x - 1}$ (3) $\displaystyle\lim_{x \to 0} \dfrac{\sqrt{1+5x} - \sqrt{1+x}}{2x}$

(4) $\displaystyle\lim_{x\to\infty} \frac{x^3+2x^2}{2x^3-x}$ (5) $\displaystyle\lim_{x\to\infty} \frac{\sqrt{x+2}-\sqrt{x+3}}{\sqrt{x+1}-\sqrt{x+4}}$

問と節末問題の解答

問 **1.1** 2

問 **1.2** $\dfrac{1}{2}$

問 **1.3** 7

問 **1.4** $\dfrac{3}{10}$

問 **1.5** 0

問 **1.6**   (1) -1 (2) $+1$

1. $x \geqq 3, y \geqq 0$

2. 略

3. 成り立たない

4. (1) 3 (2) 3 (3) 1 (4) $\dfrac{1}{2}$ (5) $\dfrac{1}{3}$

1.2 指数関数・対数関数

◇ 指数・対数関数

指数・対数関数はすでに学んでいるが，基本の性質を思い出しておこう．

指数法則

指数法則をまとめておく．

公式 1.2

$a > 0, b > 0, p, q$ を実数とするとき
$$a^0 = 1, \quad a^{-p} = \frac{1}{a^p}$$
$$a^p \, a^q = a^{p+q}$$
$$(a^p)^q = a^{pq}$$
$$(ab)^p = a^p \, b^p$$

指数関数

正の数 $a (a \neq 1)$ を底とする指数関数 $y = a^x$ を考える．この関数は $0 < a < 1$ のときは，x が大きくなっていくと減少し，$a > 1$ のときは，x が大きくなっていくと増加する．

問 1.7 次の関数のグラフをかけ．
 (1) $y = 2^x$ (2) $y = \left(\dfrac{1}{2}\right)^x$

対数関数

指数関数の逆関数を対数関数という．$y = a^x$ の逆関数を求めよう．まず，x と y を入れ替えると，
$$x = a^y$$

これを，y について解いたもの (実際にはこれまで知っている関数では表せないが) を
$$y = \log_a x$$
と表す．これが $y = a^x$ の逆関数である．逆関数のグラフは，その求め方から容易にわかるように，直線 $y = x$ に関して元の関数のグラフと対称である．

さらに $a > 1$ なら $y = \log_a x$ は増加関数，$0 < a < 1$ なら $y = \log_a x$ は減少関数となる．

問 1.8 次の対数関数のグラフをかけ．
(1) $y = \log_2 x$ (2) $y = \log_{0.5} x$

対数の性質

対数の性質をまとめておく．

公式 1.3

$a > 0, a \neq 1, b > 0, b \neq 1, x > 0, y > 0$ とする．

$$\log_a 1 = 0, \quad \log_a a = 1$$

$$\log_a xy = \log_a x + \log_a y$$

$$\log_a \frac{x}{y} = \log_a x - \log_a y$$

$$\log_a x^p = p \log_a x \qquad p \text{ は任意の実数}$$

$$\log_a x = \frac{\log_b x}{\log_b a}$$

◇ **極限値 e**

n を自然数とするとき，次の極限値
$$e = \lim_{n \to \infty} \left(1 + \frac{1}{n}\right)^n$$
を考える．

まず，この極限値が存在するかどうか調べよう．
$a_n = \left(1 + \dfrac{1}{n}\right)^n$ とおく．二項定理から
$$a_n = 1 + \sum_{j=1}^{n} {}_nC_j \cdot \dfrac{1}{n^j} = 1 + \sum_{j=1}^{n} \dfrac{1}{j!}\left(1 - \dfrac{1}{n}\right)\left(1 - \dfrac{2}{n}\right)\cdots\left(1 - \dfrac{j-1}{n}\right)$$

ここで ${}_nC_j = \dfrac{n!}{(n-j)!\,j!}$ であり，$n! = n(n-1)\cdots 2 \cdot 1$ である．$n!$ を n の**階乗**という．また $0! = 1$ と約束する．

展開式の中の一般項は n が大きくなると増加し，また項の数も増えるので a_n は n とともに増加する．

また
$$a_n < 1 + \dfrac{1}{1!} + \dfrac{1}{2!} + \cdots + \dfrac{1}{n!} < 1 + 1 + \dfrac{1}{2} + \dfrac{1}{2^2} + \cdots + \dfrac{1}{2^{n-1}} = 1 + \dfrac{1 - \frac{1}{2^n}}{1 - \frac{1}{2}} < 3$$
より，a_n は 3 を超えないことがわかる．

したがって，数列 $\{a_n\}$ は $n \to \infty$ で収束することがわかる．この値は (証明は省略するが) 無理数であることがわかっている．

その値は
$$e = 2.71828182845904523536028\cdots$$
である．この数 e を**ネピアの数**という．

この e の定義から次が示される．

> x を実数として
> $$\lim_{x \to \pm\infty}\left(1 + \dfrac{1}{x}\right)^x = e \tag{1.1}$$
> である．

証明は省略する．

◇ **自然対数**

e を底とする対数 $\log_e x$ を**自然対数**とよび，通常は底を省略して $\log x$ と書く (専門分野によっては $\ln x$ と書く場合もある)．このことから，e のこと

を**自然対数の底**ともいう．

式 (1.1) において，$\dfrac{1}{x} = h$ とおくと

$$\lim_{h \to 0}(1+h)^{\frac{1}{h}} = e$$

したがって，

$$\lim_{h \to 0} \frac{\log(1+h)}{h} = \lim_{h \to 0} \log(1+h)^{\frac{1}{h}} = \log e = 1$$

となる．

このようにして得られた結果，

公式 1.4

$$\lim_{h \to 0} \frac{\log(1+h)}{h} = 1$$

は公式として覚えておくと便利である．

これから，次の公式も導かれる．

公式 1.5

$$\lim_{k \to 0} \frac{e^k - 1}{k} = 1$$

この式を導くことは練習問題としよう．

問 1.9　上の公式 1.5 を導け．（ヒント：$\log(1+h) = k$ とおけ）

例題 1.8　$\displaystyle \lim_{x \to 0} \frac{\log(1+2x)}{5x}$ の極限値を求めよ．

解答　$\displaystyle \lim_{x \to 0} \frac{\log(1+2x)}{5x} = \lim_{x \to 0} \frac{\log(1+2x)}{2x} \cdot \frac{2x}{5x} = \lim_{x \to 0} \frac{2}{5} \cdot \frac{\log(1+2x)}{2x} = \frac{2}{5}$

問 1.10　次の極限値を求めよ．

(1) $\displaystyle \lim_{x \to 0} \frac{\log(1+5x)}{2x}$　　(2) $\displaystyle \lim_{x \to 0} \frac{e^{2x} - 1}{3x}$

節末問題

5. 次の等式を導け．

(1) $\log_a a = 1$ (2) $\log_a \dfrac{x}{y} = \log_a x - \log_a y$

6. $a = \log_5 2$, $b = \log_5 3$ のとき，次の値を a, b で表せ．

(1) $\log_5 24$ (2) $\log_5 \dfrac{16}{27}$

7. $a = \log_c x$, $b = \log_c y$ のとき，次の値を a, b で表せ．

(1) $\log_c x^3 y^2$ (2) $\log_c x\sqrt{y}$ (3) $\log_c \dfrac{\sqrt[3]{x}}{\sqrt{y}}$

8. 次の等式を満たす x の値を求めよ．

(1) $\log_3(x+1) = 4$ (2) $\log_5(4x+1) = \log_5(x-1) + 1$

(3) $\log_{10} x + \log_{10}(x-9) = 1$

9. $\displaystyle\lim_{x \to 0} \dfrac{e^{2x} - 1}{3x + 2x^2}$ を求めよ．

問と節末問題の解答

問 1.7　略

問 1.8　略

問 1.9　略

問 1.10　(1) $\dfrac{5}{2}$　(2) $\dfrac{2}{3}$

5. 略

6. (1) $3a + b$ (2) $4a - 3b$

7. (1) $3a + 2b$ (2) $a + \dfrac{1}{2}b$ (3) $\dfrac{1}{3}a - \dfrac{1}{2}b$

8. (1) 80   (2) 6   (3) 10

9. $\dfrac{2}{3}$

1.3 弧度法と三角関数

◇ 弧度法

角度の測り方として，これまで 1 回りを $360°$ としてきた．しかし，この単位は微分積分では不便である．そこで角度を測る単位を新たに定める．それがラジアンである．

「ラジアンとは」

半径 r の円を考える．円周上のある点 A から円周に沿って距離 r だけ反時計回りに動いた位置を点 B とする．このとき弧 AB を見込む中心角を 1 ラジアン (rad) という．たとえば $360°$ を考えると，円周に沿った長さは $2\pi r$ なので，$360°$ は 2π ラジアンとなる．なお，角度を弧度法で表すときは，単位「ラジアン」を省略する習慣である．

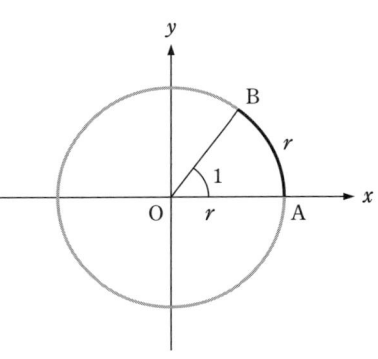

図 1.1　1 ラジアン

問 1.11 度はラジアンに，ラジアンは度になおせ．

(1) $45°$　　(2) $135°$　　(3) $240°$　　(4) $\dfrac{3\pi}{4}$　　(5) $\dfrac{7\pi}{6}$　　(6) $-\dfrac{\pi}{2}$

例題 1.9 ラジアンを単位とすると式が簡単になる例として，次の問題を考えよ．

(1) 半径 r の円で，中心角 θ によって切り取られる円弧の長さ l を求めよ．

(2) 半径 r の円で，中心角 θ によって切り取られる扇形の面積 S を求めよ．

解答　(1) 円弧の長さは中心角の大きさに比例するから

$$\frac{l}{2\pi r} = \frac{\theta}{2\pi}, \qquad l = r\theta$$

(2) 面積は中心角の大きさに比例するから
$$\frac{S}{\pi r^2} = \frac{\theta}{2\pi}, \qquad S = \frac{1}{2}r^2\theta$$

◇ **三角関数**

私たちは，すでに一般の角に対する三角関数を学んだ．ここで復習をかねて大切な関係式を挙げておこう．

公式 1.6

$$\sin(-\theta) = -\sin\theta, \qquad \cos(-\theta) = \cos\theta$$
$$\sin(\theta + \pi) = -\sin\theta, \qquad \cos(\theta + \pi) = -\cos\theta$$
$$\sin\left(\frac{\pi}{2} - \theta\right) = \cos\theta, \qquad \cos\left(\frac{\pi}{2} - \theta\right) = \sin\theta$$
$$\sin\left(\theta + \frac{\pi}{2}\right) = \cos\theta, \qquad \cos\left(\theta + \frac{\pi}{2}\right) = -\sin\theta$$

公式 1.7

$$\cos^2\theta + \sin^2\theta = 1$$
$$\tan\theta = \frac{\sin\theta}{\cos\theta}$$

公式 1.8

$$1 + \tan^2\theta = \frac{1}{\cos^2\theta}$$

問 1.12 $\theta = -\dfrac{\pi}{6}$ のとき，6つの三角関数 $\sin\theta, \cos\theta, \tan\theta, \sec\theta, \operatorname{cosec}\theta, \cot\theta$ の値を求めよ．ただし，$\sec\theta = \dfrac{1}{\cos\theta}$ (セカント)，$\operatorname{cosec}\theta = \dfrac{1}{\sin\theta}$ (コセカント)，$\cot\theta = \dfrac{1}{\tan\theta}$ (コタンジェント) である．

◇ 三角関数のグラフ

$y = \sin\theta$ のグラフは以下のようになる．

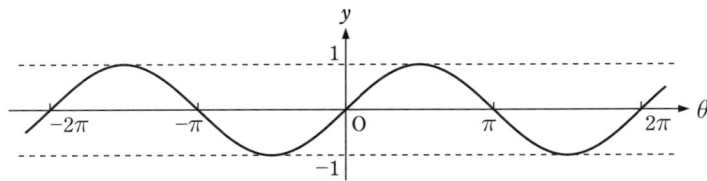

$y = \cos\theta$ のグラフは以下のようになる．

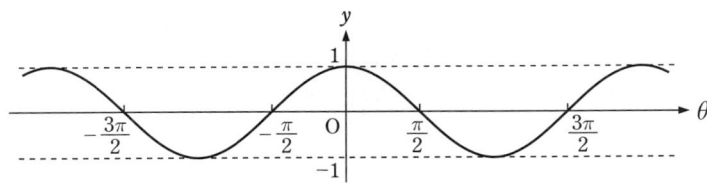

$y = \sin\theta$, $y = \cos\theta$ のグラフは $0 \leqq \theta \leqq 2\pi$ の範囲にある部分がくり返し現れる．このような関数を**周期関数**といい，その範囲の長さを**周期**という．$y = \sin\theta$, $y = \cos\theta$ はともに周期 2π の周期関数であり，$y = \tan\theta$ は周期 π の周期関数である．$y = \tan\theta$ のグラフは以下のようになる．

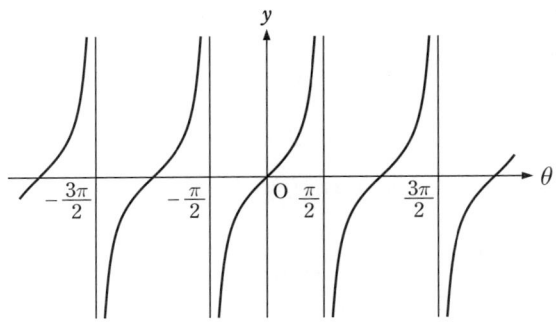

例題 1.10 次の関数のグラフをかき，$y = \sin\theta$ のグラフと比較せよ．また，周期を求めよ．

(1) $y = 2\sin\theta$ 　　(2) $y = \sin(3\theta)$ 　　(3) $y = \sin\left(\theta - \dfrac{\pi}{2}\right)$

解答

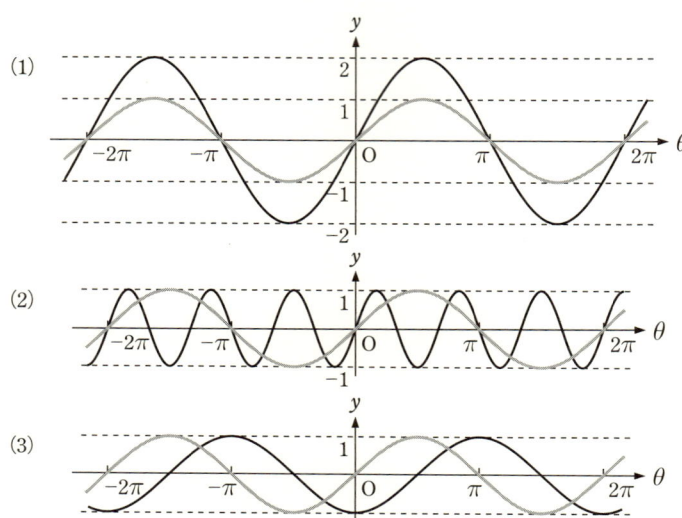

周期は (1) 2π 　(2) $\dfrac{2\pi}{3}$ 　(3) 2π

◇ 加法定理

公式 1.9

$$\sin(\alpha \pm \beta) = \sin\alpha\cos\beta \pm \cos\alpha\sin\beta$$

$$\cos(\alpha \pm \beta) = \cos\alpha\cos\beta \mp \sin\alpha\sin\beta$$

$$\tan(\alpha \pm \beta) = \frac{\tan\alpha \pm \tan\beta}{1 \mp \tan\alpha\tan\beta} \quad (\text{以上，複号同順})$$

加法定理から他の公式を導くことができる．

公式 1.10　倍角公式

$$\sin 2\theta = 2\sin\theta\cos\theta$$
$$\cos 2\theta = \cos^2\theta - \sin^2\theta = 2\cos^2\theta - 1 = 1 - 2\sin^2\theta$$

公式 1.11　半角公式

$$\sin^2\frac{\theta}{2} = \frac{1-\cos\theta}{2}$$
$$\cos^2\frac{\theta}{2} = \frac{1+\cos\theta}{2}$$

公式 1.12　積和公式

$$\sin\alpha\cos\beta = \frac{\sin(\alpha+\beta) + \sin(\alpha-\beta)}{2}$$
$$\cos\alpha\sin\beta = \frac{\sin(\alpha+\beta) - \sin(\alpha-\beta)}{2}$$
$$\sin\alpha\sin\beta = \frac{\cos(\alpha-\beta) - \cos(\alpha+\beta)}{2}$$
$$\cos\alpha\cos\beta = \frac{\cos(\alpha+\beta) + \cos(\alpha-\beta)}{2}$$

公式 1.13　和積公式

$$\sin\alpha + \sin\beta = 2\sin\frac{\alpha+\beta}{2}\cos\frac{\alpha-\beta}{2}$$
$$\sin\alpha - \sin\beta = 2\sin\frac{\alpha-\beta}{2}\cos\frac{\alpha+\beta}{2}$$
$$\cos\alpha + \cos\beta = 2\cos\frac{\alpha+\beta}{2}\cos\frac{\alpha-\beta}{2}$$
$$\cos\alpha - \cos\beta = -2\sin\frac{\alpha+\beta}{2}\sin\frac{\alpha-\beta}{2}$$

節末問題

10. 次の関数のグラフをかけ．また，周期を求めよ．
(1) $y = 2\cos\theta$ (2) $y = \sin(2\theta)$ (3) $y = \cos\left(\theta - \dfrac{\pi}{4}\right)$

11. (1) $\sin 3\theta$ を $\sin\theta$ で表せ．
(2) $\cos 3\theta$ を $\cos\theta$ で表せ．

問と節末問題の解答

問 1.11 (1) $\dfrac{\pi}{4}$ (2) $\dfrac{3\pi}{4}$ (3) $\dfrac{4\pi}{3}$ (4) $135°$ (5) $210°$
(6) $-90°$

問 1.12 $\sin\theta = -\dfrac{1}{2}$, $\cos\theta = \dfrac{\sqrt{3}}{2}$, $\tan\theta = -\dfrac{1}{\sqrt{3}}$, $\sec\theta = \dfrac{2}{\sqrt{3}}$, $\operatorname{cosec}\theta = -2$, $\cot\theta = -\sqrt{3}$

10.

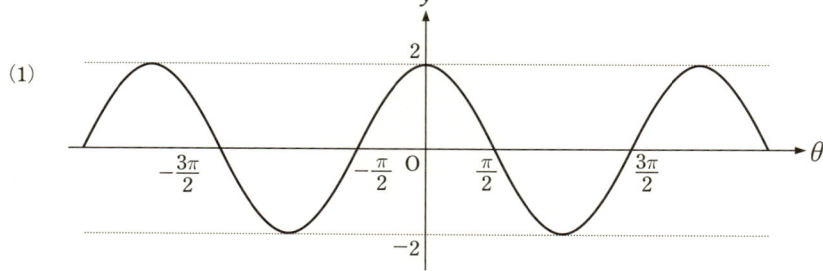

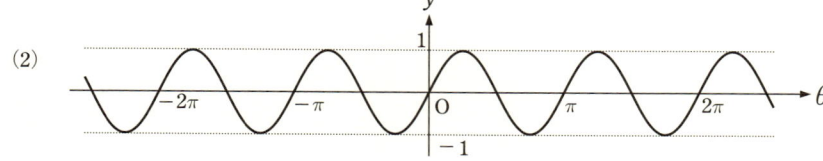

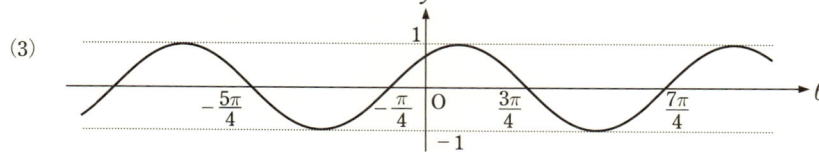

周期　(1) 2π　　(2) π　　(3) 2π

11. (1) $3\sin\theta - 4\sin^3\theta$　　(2) $4\cos^3\theta - 3\cos\theta$

1.4 逆三角関数

三角関数の逆関数をまとめて逆三角関数とよぶ．
ここで逆関数の定義を復習しておこう．

関数 $y = f(x)$ が区間 I_1 で単調 (増加または減少) な連続関数であるとする．この関数の値域を I_2 とする．この関数は I_1 の 1 つの値 (x_1 とする) を I_2 のある値 (y_1 とする) に結びつける．この対応する数の組 x_1, y_1 において，逆に y_1 を x_1 に結びつける関数を考え，それを f^{-1} と記すと，この関数は $x = f^{-1}(y)$ となる．独立変数 y を x に，従属変数 x を y に置き換えると $y = f^{-1}(x)$ となる．これが $y = f(x)$ の逆関数とよばれるものである．単調で連続な関数の逆関数は単調で連続となる．

◇ アークサイン

$y = a^x$ の逆関数は，対数関数を学ぶ以前に知っていた関数では $y = \cdots$ の形に書けなかった．そこで逆関数を表す記号を作り，$y = \log_a x$ と書いた．これと同じように，$y = \sin x$ の逆関数を新たに定義し $y = \sin^{-1} x$ (または $\arcsin x$) と書き，アークサインと読む．この関数は別の書き方をすると $x = \sin y$ と表せるが，このままでは x の 1 つの値に対し，y の値はたくさんあるので，単調関数とするために値域を制限し，$-\dfrac{\pi}{2} \leqq y \leqq \dfrac{\pi}{2}$ とする．この範囲の値を**主値**という．定義域は当然 $-1 \leqq x \leqq 1$ である．

例題 1.11 関数 $y = \sin^{-1} x$ のグラフをかけ．

解答 図 1.2 参照．

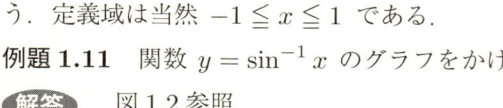

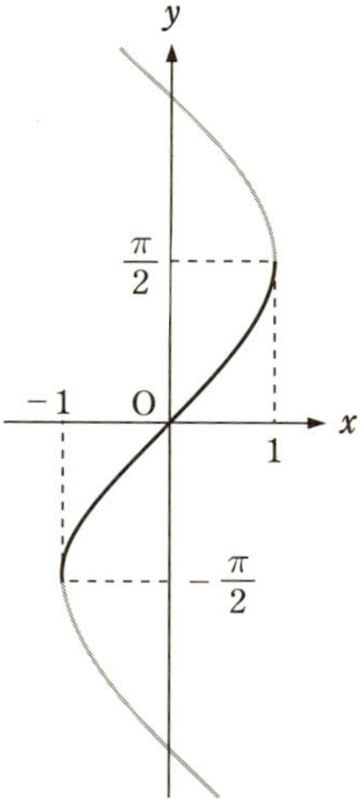

図 **1.2** $y = \sin^{-1} x$ のグラフ

問 1.13 関数 $y = \sin^{-1}(2x)$ のグラフをかけ．

◇ アークコサイン

$y = \cos x$ の逆関数を $y = \cos^{-1} x$ (または $\arccos x$) と書き，アークコサインと読む．この意味は $x = \cos y$ である．アークサインの場合と同様に，単調関数とするために値域を制限し，$0 \leqq y \leqq \pi$ とする (**主値**という)．定義域は当然 $-1 \leqq x \leqq 1$ である．

例題 1.12 関数 $y = \cos^{-1} x$ のグラフをかけ．

 図 1.3 参照．

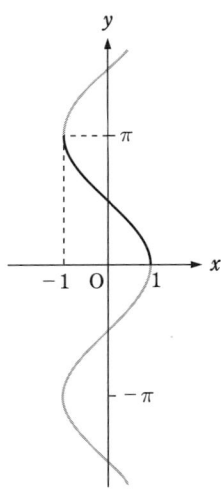

図 **1.3** $y = \cos^{-1} x$ のグラフ

問 1.14 関数 $y = \cos^{-1}(2x)$ のグラフをかけ．

◇ アークタンジェント

$y = \tan x$ の逆関数を $y = \tan^{-1} x$ (または $\arctan x$) と書き，アークタンジェントと読む．同値な別の表現は $x = \tan y$ である．単調関数とするために値域を制限し，$-\dfrac{\pi}{2} < y < \dfrac{\pi}{2}$ とする (**主値**という)．定義域はすべての実数 $(-\infty < x < \infty)$ である．

例題 1.13 関数 $y = \tan^{-1} x$ のグラフをかけ．

 図 1.4 参照．

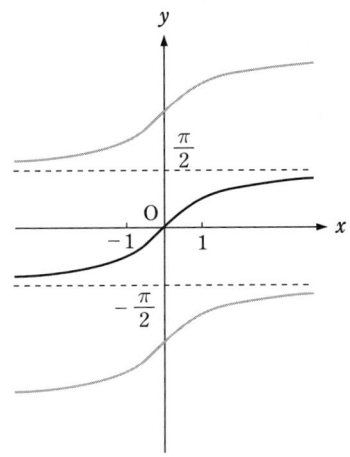

図 **1.4** $y = \tan^{-1} x$ のグラフ

問 1.15 関数 $y = \tan^{-1}(2x)$ のグラフをかけ．

注意　$\sin^2 x = (\sin x)^2$ であるが，$\sin^{-1} x = \dfrac{1}{\sin x}$ ではないので，誤解しないように気をつけよう．

節末問題

12. $\sin^{-1} x = \dfrac{\pi}{4}$ のとき，x はいくらか．また $\sin^{-1} \dfrac{1}{2}$ はいくらか．

13. $\cos^{-1} x = \dfrac{\pi}{4}$ のとき，$\sin^{-1} x$ はいくらか．また $\cos^{-1} \dfrac{1}{2}$ はいくらか．

14. $\tan^{-1} x = \dfrac{\pi}{3}$ のとき，x はいくらか．また $\tan^{-1} \dfrac{1}{\sqrt{3}}$ はいくらか．

15. $-1 \leqq x \leqq 1$ なるどんな x の値に対しても $\sin^{-1} x + \cos^{-1} x = \dfrac{\pi}{2}$ が成り立つことを示せ．

問と節末問題の解答

問 1.13　略

問 1.14　略

問 1.15　略

12. $x = \dfrac{1}{\sqrt{2}},\ \sin^{-1} \dfrac{1}{2} = \dfrac{\pi}{6}$

13. $x = \dfrac{1}{\sqrt{2}},\ \sin^{-1} x = \dfrac{\pi}{4},\ \cos^{-1} \dfrac{1}{2} = \dfrac{\pi}{3}$

14. $x = \sqrt{3},\ \tan^{-1} \dfrac{1}{\sqrt{3}} = \dfrac{\pi}{6}$

15.　略

微 分 法

この章では整式,指数・対数関数,三角関数,逆三角関数の微分法について学ぶ.

2.1 導関数

◇ 微分係数

関数 $y = f(x)$ が与えられたとする．$x = a$ から $x = a + \Delta x$ まで x が変化するとき，y の変化量が Δy であるとする．このとき，

$$\frac{\Delta y}{\Delta x} = \frac{f(a + \Delta x) - f(a)}{\Delta x}$$

を $f(x)$ の区間 $[a, a + \Delta x]$ での平均変化率とよぶ．

たとえば，直線上を走るランナーがいるとしよう．スタートからゴールまで 100m であるとする．スタートの地点からストップウォッチで時間を計ることにし，走った距離 x を時間 t の関数と考えて，$x = f(t)$ とおく．このようにして決まる $f(t)$ に関しては $f(0) = 0$ となる．各瞬間までに走った距離を克明に記録したとすれば，$x = f(t)$ のグラフ上にそのランナーの走り方が表現される．このランナーはちょうど 10 秒間で走ることができるとすると，平均の速さは $\frac{f(10) - f(0)}{10} = \frac{100}{10} = 10\,\text{m/s}$ となる．これが $f(t)$ の平均変化率である．

しかし，スタート時点付近とゴール付近では速さが異なるかもしれない．その場合はそれぞれの近所 (スタート地点，ゴール) で短い時間をとってその間の平均の速さを考えればよい．その極端な場合として，無限に小さな時間間隔をとって距離と時間の比を考えればそれがその瞬間の速さとなることは容易に想像できる．このように，独立変数の変化を無限小としたときの平均変化率を考えると，ちょうどその値における (瞬間) 変化率が計算できることになる．

上の平均変化率の定義から出発し，区間の幅 Δx を限りなく 0 に近づけたときの平均変化率の極限値を $x = a$ における $f(x)$ の**微分係数**といい $f'(a)$ と書く．すなわち，Δx を h と書いて

$$f'(a) = \lim_{h \to 0} \frac{f(a + h) - f(a)}{h}$$

となる．

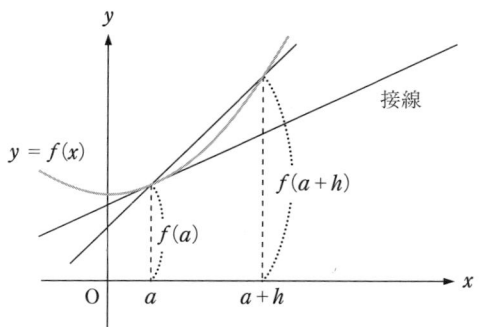

図 **2.1** 平均変化率と接線の傾き

図 2.1 からわかるように，h を限りなく 0 に近づけると，平均変化率は接線の傾きに近づいていく．すなわち，この微分係数は曲線 $y = f(x)$ の $x = a$ における接線の傾きという意味をもつ．

定義域の任意の点 x で微分係数 $f'(x)$ が存在するとき，関数 $y = f(x)$ は**微分可能**であるという．

x から $x + \Delta x$ までの変化 $\Delta x = dx$ に対して，$dy = f'(x)\,dx$ または $df(x) = f'(x)\,dx$ を $y = f(x)$ の**微分**という．

例題 2.1 次の関数の $x = 1$ における微分係数 $f'(1)$ を定義から計算せよ．

(1) $f(x) = 3x + 1$ (2) $f(x) = 2x^2$ (3) $f(x) = x^3$

解答 (1) $f'(1) = \lim_{h \to 0} \dfrac{3(1+h) + 1 - (3+1)}{h} = 3$

(2) $f'(1) = \lim_{h \to 0} \dfrac{2(1+h)^2 - 2 \times 1^2}{h} = \lim_{h \to 0}(4 + 2h) = 4$

(3) $f'(1) = \lim_{h \to 0} \dfrac{(1+h)^3 - 1^3}{h} = \lim_{h \to 0}(3 + 3h + h^2) = 3$

問 2.1 次の関数の $x = 1$ における微分係数 $f'(1)$ を定義から計算せよ．

(1) $f(x) = 2x + 5$ (2) $f(x) = 3x^2 + x$ (3) $f(x) = 2x^3 + 3x + 2$

◇ 導関数

いま，区間 $I = (a, b)$ で定義された関数 $f(x)$ を考える．関数 $f(x)$ がこの区間で微分可能であるとき，区間内のすべての x の値に対して，微分係数 $f'(x)$ を考えると，これは新しい x の関数となる．

$$f'(x) = \lim_{h \to 0} \frac{f(x+h) - f(x)}{h}$$

これを $f(x)$ の**導関数**とよび，導関数を求めることを**微分する**という．

また関数 $y = f(x)$ が与えられたとき，この関数の導関数を

$$y', \ f'(x), \ \frac{dy}{dx}, \ \frac{d}{dx} f(x)$$

などと表し，y を x で微分するということもある．何を独立変数と考えて微分しているのかいつも意識することが大切である．変数が何であるか明らかなときは y' と書き，変数を明示したいときは $\frac{dy}{dx}$ などと書く．いろいろの表し方に慣れておくことが必要となる．たとえば $y = f(t)$ ならば，その導関数は $\frac{dy}{dt} = \frac{d}{dt} f(t)$ などとなる．

例題 2.2 次の関数の導関数を定義から求めよ．

(1) $f(x) = 5$ (2) $f(x) = x^2$ (3) $f(x) = \dfrac{1}{x}$

解答 (1) $f'(x) = \lim\limits_{h \to 0} \dfrac{5 - 5}{h} = 0$

すなわち，この計算から一般に**定数関数の導関数は 0** であることがわかる．

(2) $f'(x) = \lim\limits_{h \to 0} \dfrac{(x+h)^2 - x^2}{h} = \lim\limits_{h \to 0} \dfrac{2xh + h^2}{h} = 2x$

(3) $f'(x) = \lim\limits_{h \to 0} \dfrac{\frac{1}{x+h} - \frac{1}{x}}{h} = \lim\limits_{h \to 0} \dfrac{1}{h} \dfrac{x - (x+h)}{x(x+h)} = -\lim\limits_{h \to 0} \dfrac{1}{x(x+h)} = -\dfrac{1}{x^2}$ ∎

問 2.2 次の関数の導関数を定義から求めよ．

(1) $f(x) = 3x^2$ (2) $f(x) = \dfrac{1}{x^2}$

◇ 接線の方程式

関数 $y = f(x)$ のグラフと $x = a$ において接する直線の方程式を求めよう．この直線は点 $(a, f(a))$ を通るから，傾きを m とすれば，方程式は次の形と

なる．
$$y - f(a) = m(x-a)$$
接線の傾きは $x = a$ における微分係数と等しいので，$m = f'(a)$ となり，接線の方程式は次式で表される．

公式 2.1

接線の方程式は
$$y - f(a) = f'(a)(x-a)$$
と表される．

例題 2.3　$y = x^2$ の点 $(2, 4)$ における接線の方程式を求めよ．

解答　例題 2.2 の結果から $f'(x) = 2x$ なので，公式 2.1 により接線の方程式は
$$y - 4 = 4(x-2),\ y = 4x - 4$$
である．

問 2.3　$y = x^2$ の点 $(1, 1)$ における接線の方程式を求めよ．

節末問題

1. 次の関数の $x = 2$ における微分係数を，定義から求めよ．
(1) $f(x) = 5x^2$　　(2) $f(x) = \dfrac{1}{x^3}$

2. 次の関数の導関数を定義から求めよ．
(1) $f(x) = 3x^3$　　(2) $f(x) = \dfrac{1}{x^3}$

3. $y = \dfrac{1}{x}$ の点 $(1, 1)$ における接線の方程式を求めよ．

問と節末問題の解答

問 **2.1**　(1) 2　　(2) 7　　(3) 9

問 **2.2**　(1) $6x$　　(2) $-\dfrac{2}{x^3}$

問 2.3 $y = 2x - 1$

1. (1) 20   (2) $-\dfrac{3}{16}$

2. (1) $9x^2$ (2) $-\dfrac{3}{x^4}$

3. $y = -x + 2$

2.2 微分法の公式 (1)

◇ x^n (n は任意の整数) の微分

この関数の微分に関しては次の公式が成り立つ.

公式 2.2

一般に $f(x) = x^n$ (n は整数) のとき,
$$f'(x) = nx^{n-1}$$
である.

この式は，特に指定がなければ導関数を求める際に公式として用いてよい．この公式の導き方にはいろいろな方法があるが，ここでは最も直接的な方法で導く．

例題 2.4 公式 2.2 を導け.

解答 $n = 0$ のときは自明である.
$n > 0$ の場合を考える．二項定理から
$$(x+h)^n = x^n + nx^{n-1}h + \frac{n(n-1)}{2}x^{n-2}h^2 + \cdots + h^n$$
なので,
$$f'(x) = \lim_{h \to 0}(nx^{n-1} + \frac{n(n-1)}{2}x^{n-2}h + \cdots + h^{n-1}) = nx^{n-1}$$
次に $n < 0$ の場合を考える． $n = -m\,(m > 0)$ とおくと
$$f'(x) = \lim_{h \to 0} \frac{\frac{1}{(x+h)^m} - \frac{1}{x^m}}{h} = \lim_{h \to 0}\frac{x^m - (x+h)^m}{hx^m(x+h)^m}$$
$$= \lim_{h \to 0}\frac{x^m - (x+h)^m}{h}\frac{1}{x^m(x+h)^m} = \lim_{h \to 0}\frac{-mx^{m-1} - \cdots}{x^m(x+h)^m}$$
$$= -mx^{-(m+1)}$$

問 2.4 公式 2.2 を用いて

(1) $f(x) = x^{12}$ のとき,導関数 $f'(x)$ を求めよ.

(2) $f(x) = \dfrac{1}{x}$ のとき,導関数 $f'(x)$ を求めよ.

(3) $f(x) = \dfrac{1}{x^5}$ のとき,導関数 $f'(x)$ を求めよ.

◇ 和,差,定数倍,積の微分法

関数 $f(x), g(x)$ が微分可能なとき,以下の微分法の公式が成り立つ.

公式 2.3

$$\{f(x) \pm g(x)\}' = f'(x) \pm g'(x) \qquad (\text{複号同順})$$

証明
$$\{f(x) + g(x)\}' = \lim_{h \to 0} \frac{f(x+h) + g(x+h) - f(x) - g(x)}{h}$$
$$= \lim_{h \to 0} \frac{f(x+h) - f(x)}{h} + \lim_{h \to 0} \frac{g(x+h) - g(x)}{h}$$
$$= f'(x) + g'(x) \qquad \blacksquare$$

差についても同様にして導くことができる.

公式 2.4

$$\{cf(x)\}' = cf'(x) \qquad (c\text{ は定数})$$

証明 $\{cf(x)\}' = \lim\limits_{h \to 0} \dfrac{cf(x+h) - cf(x)}{h} = \lim\limits_{h \to 0} c\dfrac{f(x+h) - f(x)}{h} = cf'(x) \qquad \blacksquare$

公式 2.5 積の微分法

$$\{f(x)g(x)\}' = f'(x)g(x) + f(x)g'(x)$$

証明

$$\{f(x)g(x)\}' = \lim_{h \to 0} \frac{f(x+h)g(x+h) - f(x)g(x)}{h}$$
$$= \lim_{h \to 0} \frac{1}{h}\{f(x+h)g(x+h) - f(x)g(x+h) + f(x)g(x+h) - f(x)g(x)\}$$
$$= \lim_{h \to 0} \frac{f(x+h) - f(x)}{h} g(x+h) + \lim_{h \to 0} f(x) \frac{g(x+h) - g(x)}{h}$$
$$= f'(x)g(x) + f(x)g'(x)$$

例題 2.5 関数 $y = 4x^3 - 5x^2 + x - 3$ を微分せよ．

解答
$$y' = (4x^3)' - (5x^2)' + (x)' - (3)' = 4(x^3)' - 5(x^2)' + 1$$
$$= 12x^2 - 10x + 1$$

問 2.5 次の関数を微分せよ．
 (1) $y = 2x^3 - 4x^2 + 5x - 7$ (2) $y = 5x^6 + 3x^5 - 4x^4$

例題 2.6 関数 $y = (7x+3)(2x^2+3x)$ を微分せよ．

解答
$$y' = (7x+3)'(2x^2+3x) + (7x+3)(2x^2+3x)'$$
$$= 7(2x^2+3x) + (7x+3)(4x+3)$$
$$= 14x^2 + 21x + 28x^2 + 33x + 9$$
$$= 42x^2 + 54x + 9 = 3(14x^2 + 18x + 3)$$

問 2.6 次の関数を微分せよ．
 (1) $y = (5x+2)(4x^3+2x)$ (2) $y = (2x^2+1)(x^2+5x+1)$

◇ **合成関数の微分法**

 合成関数の微分法とはどんなものか，具体例を通して説明しよう．
 次の関数の導関数を求めたいとする．
$$y = (2x^2 + 1)^2$$

(1) まず，右辺を展開して $y = 4x^4 + 4x^2 + 1$ とする．次に，これを微分すると $y' = 16x^3 + 8x$ となる．これは正しい結果である．

(2) 次に，上とは異なる考え方をしてみよう (実はこちらは誤った計算である)．

y を $u = 2x^2 + 1$ の関数と考えると $y = u^2$ となる．この微分は $y' = 2u$ であるから，これを x で表すと $y' = 4x^2 + 2$ となる．この結果は，上の結果と合わない．なぜいけないのかを考えてみると y' の意味を取り違えているからであることがわかる．$y' = 2u$ となるのは，u で微分しているときであり，これは x で微分したものになっていないからである．

y が u の関数で，u が x の関数であるので，y を x の関数と見ることができる．これは合成関数である．このような場合に導関数を求める正しい計算法は，$y' = \dfrac{dy}{du} \times \dfrac{du}{dx}$ (合成関数の微分法) である．

公式 2.6　合成関数の微分法

$u = g(x)$ が微分可能，$y = f(u)$ も微分可能な関数のとき，次の式が成り立つ．

$$\frac{dy}{dx} = \frac{dy}{du}\frac{du}{dx} = f'(g(x))\,g'(x)$$

証明は付録を参照のこと．

注意　上で，$f'(g(x))$ と書いたが，これは $f(x)$ の導関数 $f'(x) = \dfrac{df(x)}{dx}$ をまず求めておいて，その導関数の変数 x のかわりに $g(x)$ を代入して得られる関数のことである．

これに対して $\{f(g(x))\}'$ の意味するところは異なる．こちらは，まず $f(x)$ の変数 x を関数 $g(x)$ で置き換えた関数 (すなわち合成関数) をつくっておき，その関数を x で微分するという意味である．

具体例で示すと次のようになる．

$$f(x) = x^2, \quad g(x) = 3x$$

$$f'(x) = 2x, \quad f'(g(x)) = 2g(x) = 6x$$

$$\{f(g(x))\}' = \{(3x)^2\}' = (9x^2)' = 18x$$

$$f'(g(x))g'(x) = 2g(x) \times 3 = 6g(x) = 18x$$

例題 2.7 次の関数を微分せよ．
(1) $y = (3x+1)^3$ (2) $y = (2x^2 + 3x - 5)^3$

解答 (1) $u = 3x+1$ とおくと，$\dfrac{dy}{dx} = \dfrac{d(u^3)}{du}\dfrac{du}{dx} = 3u^2 \times 3 = 9(3x+1)^2$

(2) $u = 2x^2 + 3x - 5$ とおくと，$\dfrac{dy}{dx} = 3u^2 \times u' = 3(2x^2 + 3x - 5)^2(4x+3)$

問 2.7 次の関数を微分せよ．
(1) $y = (2x+3)^5$ (2) $y = (x^2 + 3x - 1)^3$

公式 2.2 は n が有理数 α の場合に拡張できる．証明は以下のように合成関数の微分法を利用する．さらに，α が任意の実数の場合に拡張することもできるが，その導き方は後述の対数微分法のところで説明する．

公式 2.7

任意の有理数 α に対して，$f(x) = x^\alpha$ のとき，
$$f'(x) = \alpha x^{\alpha - 1}$$
が成り立つ．

証明 p, q を整数として，$\alpha = \dfrac{p}{q}$ とおく．
$$f(x) = x^{\frac{p}{q}}, \quad \{f(x)\}^q = x^p$$
この両辺を微分すると
$$q\{f(x)\}^{q-1} f'(x) = px^{p-1},$$
$$f'(x) = \dfrac{p}{q}\dfrac{x^{p-1}}{\{f(x)\}^{q-1}} = \dfrac{p}{q} x^{(p-1-\frac{p(q-1)}{q})}$$
$$= \dfrac{p}{q} x^{\frac{p}{q}-1}$$

例題 2.8 関数 $y = \sqrt{2x^3}$ を微分せよ．

解答 $y = \sqrt{2x^3} = \sqrt{2}\, x^{\frac{3}{2}}, \ y' = \dfrac{3}{2}\sqrt{2}\, x^{\frac{3}{2}-1} = \dfrac{3\sqrt{2}}{2}\sqrt{x}$

問 2.8 次の関数を微分せよ．
 (1) $y = \sqrt{3x^5}$　　(2) $y = \dfrac{1}{5x^{0.9}}$　　(3) $y = \sqrt[3]{x^5}$

◇ 商の微分法

―― **公式 2.8 商の微分法** ――
$$\left(\dfrac{f(x)}{g(x)}\right)' = \dfrac{f'(x)g(x) - f(x)g'(x)}{\{g(x)\}^2} \qquad (g(x) \neq 0)$$

証明 積の形に直してから計算する．合成関数の微分法を利用する．
$$\left(\dfrac{f(x)}{g(x)}\right)' = \{f(x)\{g(x)\}^{-1}\}' = f'(x)\{g(x)\}^{-1} - f(x)\dfrac{1}{\{g(x)\}^2}g'(x)$$
$$= \dfrac{f'(x)g(x) - f(x)g'(x)}{\{g(x)\}^2}$$

特に分子が 1 の場合は次のようになる．

$$\left(\dfrac{1}{g(x)}\right)' = -\dfrac{g'(x)}{\{g(x)\}^2} \qquad (g(x) \neq 0)$$

例題 2.9 分数関数 $y = \dfrac{x}{4x^2 + 3}$ を微分せよ．

解答 $y' = \dfrac{1(4x^2+3) - x(8x)}{(4x^2+3)^2} = \dfrac{3 - 4x^2}{(4x^2+3)^2}$

問 2.9 次の分数関数を微分せよ．
 (1) $y = \dfrac{5x+1}{x^2+2}$　　(2) $y = \dfrac{2x^3}{x^2+5}$

節末問題

4. 次の関数を微分せよ．
(1) $y = (3x+1)^5$ (2) $y = (3x^2-2)^3(2x^3-1)^5$

5. 次の関数を微分せよ．
(1) $y = (3x+1)^3 + 5(2x-1)^2 + 4$ (2) $y = \dfrac{(3x-2)^3}{(2x-1)^5}$

6. 次の関数を微分せよ．
(1) $y = \sqrt{5x^7}$ (2) $y = \dfrac{2}{3x^{0.3}}$ (3) $y = \sqrt[4]{x^3}$

7. 次の分数関数を微分せよ．
(1) $y = \dfrac{1}{x+3}$ (2) $y = \dfrac{x+1}{5x+3}$ (3) $y = \dfrac{2x}{3x^2+7}$

問と節末問題の解答

問 **2.4** (1) $12x^{11}$ (2) $-\dfrac{1}{x^2}$ (3) $-\dfrac{5}{x^6}$

問 **2.5** (1) $6x^2 - 8x + 5$ (2) $30x^5 + 15x^4 - 16x^3$

問 **2.6** (1) $4(20x^3 + 6x^2 + 5x + 1)$ (2) $8x^3 + 30x^2 + 6x + 5$

問 **2.7** (1) $10(2x+3)^4$ (2) $3(2x+3)(x^2+3x-1)^2$

問 **2.8** (1) $\dfrac{5}{2}\sqrt{3x^3}$ (2) $-\dfrac{9}{50x^{1.9}}$ (3) $\dfrac{5}{3}\sqrt[3]{x^2}$

問 **2.9** (1) $\dfrac{-5x^2 - 2x + 10}{(x^2+2)^2}$ (2) $\dfrac{2x^2(x^2+15)}{(x^2+5)^2}$

4. (1) $15(3x+1)^4$ (2) $6x(21x^3 - 10x - 3)(3x^2-2)^2(2x^3-1)^4$

5. (1) $81x^2 + 94x - 11$ (2) $-\dfrac{(12x-11)(3x-2)^2}{(2x-1)^6}$

6. (1) $\dfrac{7}{2}\sqrt{5x^5}$ (2) $-\dfrac{1}{5x^{1.3}}$ (3) $\dfrac{3}{4\sqrt[4]{x}}$

7. (1) $-\dfrac{1}{(x+3)^2}$ (2) $-\dfrac{2}{(5x+3)^2}$ (3) $-\dfrac{2(3x^2-7)}{(3x^2+7)^2}$

2.3 指数関数と対数関数の微分法

◇ 関数 e^x, $\log x$ の導関数

指数関数の微分法の基本は次式である．

公式 2.9

$$(e^x)' = e^x$$

証明　この式は 13 ページの極限の公式 1.5

$$\lim_{x \to 0} \frac{e^x - 1}{x} = 1$$

から，次のように導かれる．

$$(e^x)' = \lim_{h \to 0} \frac{e^{x+h} - e^x}{h} = \lim_{h \to 0} \frac{e^x(e^h - 1)}{h} = e^x \lim_{h \to 0} \frac{e^h - 1}{h} = e^x$$

対数関数の微分法の基本は次式である．

公式 2.10

$$(\log |x|)' = \frac{1}{x}$$

証明　この公式は 13 ページの極限の公式 1.4

$$\lim_{x \to 0} \frac{\log(1+x)}{x} = 1$$

から導かれる．

まず $x > 0$ の場合を考える．

$$(\log x)' = \lim_{h \to 0} \frac{\log(x+h) - \log x}{h} = \lim_{h \to 0} \frac{\log \dfrac{x+h}{x}}{h} = \lim_{h \to 0} \frac{\log\left(1 + \dfrac{h}{x}\right)}{h}$$

$$= \lim_{h \to 0} \frac{\log\left(1 + \dfrac{h}{x}\right)}{x\dfrac{h}{x}} = \frac{1}{x}\lim_{h \to 0} \frac{\log\left(1 + \dfrac{h}{x}\right)}{\dfrac{h}{x}} = \frac{1}{x}$$

$x < 0$ の場合は，$x = -t\,(t > 0)$ とおく．

$$(\log|x|)' = \lim_{h \to 0} \frac{\log|(-t+h)| - \log|(-t)|}{h} = \lim_{h \to 0} \frac{\log(t-h) - \log t}{h}$$

$$= \lim_{h \to 0} \frac{\log\left(1 - \dfrac{h}{t}\right)}{h} = -\frac{1}{t}\lim_{h \to 0} \frac{\log\left(1 - \dfrac{h}{t}\right)}{-\dfrac{h}{t}} = -\frac{1}{t} = \frac{1}{x} \quad ■$$

また，合成関数の微分法を用いると次の公式が得られる．

公式 2.11

$$(e^{f(x)})' = f'(x)e^{f(x)}$$

$$(\log|f(x)|)' = \frac{f'(x)}{f(x)}$$

証明 $u = f(x)$ とおいて，$y = e^u$ を微分する．
$$\frac{dy}{dx} = \frac{d}{du}e^u\,\frac{du}{dx} = e^u f'(x) = f'(x)e^{f(x)}$$
また $y = \log u$ を微分すると
$$\frac{dy}{dx} = \frac{d}{du}\log u\,\frac{du}{dx} = \frac{1}{u}f'(x) = \frac{f'(x)}{f(x)} \quad ■$$

この公式はよく出てくるので，しっかりと理解しておこう．後の積分のときも活躍する関係式である．

例題 2.10 次の関数を微分せよ．

(1) $y = e^{2x}$ (2) $y = \log(x^2 + 2)$

解答 (1) $y' = (2x)'e^{2x} = 2e^{2x}$ (2) $y' = \dfrac{(x^2+2)'}{(x^2+2)} = \dfrac{2x}{x^2+2}$ ■

問 2.10 次の関数を微分せよ．

(1) $y = e^{3x}$ (2) $y = \log(5x+3)$

問 2.11 次の関数を微分せよ．

(1) $y = \log\left(x^2 + \dfrac{2}{x}\right)$ (2) $y = 3xe^{-5x+1}$ (3) $y = e^{3x}\log(x+2)$

◇ 対数微分法

直接微分をしないで，対数をとってから微分すると簡単になる場合がある．

公式 2.12

一般に $f(x) = x^\alpha$ (α は実数) のとき，
$$f'(x) = \alpha x^{\alpha-1} \qquad (x > 0)$$
である．

証明 以下のように対数微分法を利用する．

$f(x) = x^\alpha$ (α は実数) とする．両辺の対数をとると
$$\log f(x) = \alpha \log x$$
この両辺を x で微分すると
$$\dfrac{f'(x)}{f(x)} = \alpha \dfrac{1}{x}, \qquad f'(x) = f(x)\dfrac{\alpha}{x} = \alpha x^{\alpha-1}$$

例題 2.11 次の関数を微分せよ．

(1) $y = 2^x$ (2) $y = 2^{x^2+2}$

解答 (1) $\log y = x \log 2$，両辺を x で微分すると $\dfrac{1}{y} y' = \log 2$．
したがって，$y' = y \log 2 = 2^x \log 2$．

(2) $\dfrac{1}{y} y' = (x^2 + 2)' \log 2$．したがって，$y' = 2^{x^2+3} x \log 2$．

> **公式 2.13**
> $$(a^x)' = a^x \log a \qquad (a > 0)$$

問 2.12 次の関数を微分せよ．
(1) $y = 2^{2x+1}$　　(2) $y = x^x$

節末問題

8. 次の関数を微分せよ．
(1) $y = e^{x^2+3x}$　　(2) $y = \log(2x^2+5)$

9. 次の関数を微分せよ．
(1) $y = \log\left(3x^2 + \dfrac{1}{x^2}\right)$　　(2) $y = 3xe^{x^2-3x+2}$
(3) $y = e^{2x}\log(x^2+1)$

10. 次の関数を微分せよ．
(1) $y = 5^x$　　(2) $y = x^{3x}$

問と節末問題の解答

問 2.10 (1) $3e^{3x}$　　(2) $\dfrac{5}{5x+3}$

問 2.11 (1) $\dfrac{2(x^3-1)}{x(x^3+2)}$　　(2) $3(1-5x)e^{-5x+1}$
(3) $e^{3x}\left(3\log(x+2) + \dfrac{1}{x+2}\right)$

問 2.12 (1) $2^{2(x+1)}\log 2$　　(2) $x^x(\log x + 1)$

8. (1) $(2x+3)e^{x^2+3x}$　　(2) $\dfrac{4x}{2x^2+5}$

9. (1) $\dfrac{2(3x^4-1)}{x(3x^4+1)}$　　(2) $3(x-1)(2x-1)e^{x^2-3x+2}$
(3) $2e^{2x}\left(\log(x^2+1) + \dfrac{x}{x^2+1}\right)$

10. (1) $5^x \log 5$　　(2) $3(\log x + 1)x^{3x}$

2.4 三角関数の微分法

◇ 三角関数の導関数

公式 2.14 極限の公式

$$\lim_{x \to 0} \frac{\sin x}{x} = 1$$

上式が三角関数の導関数を計算するときの基礎となる．この公式の証明は発展にまわすが，この式を使って三角関数の導関数を導くことができる．

公式 2.15

$$(\sin x)' = \cos x$$

証明　公式 1.13 より

$$(\sin x)' = \lim_{h \to 0} \frac{\sin(x+h) - \sin x}{h}$$

$$= \lim_{h \to 0} \frac{2\cos\left(x + \frac{h}{2}\right)\sin\frac{h}{2}}{h} = \lim_{h \to 0} \cos\left(x + \frac{h}{2}\right) \frac{\sin\frac{h}{2}}{\frac{h}{2}} = \cos x$$

さらに，公式 2.15 を使うと以下の式が導出される．

公式 2.16

$$(\cos x)' = -\sin x$$

証明　三角関数の性質を利用して cos を sin で表現してから，微分をする．

$$(\cos x)' = \left\{\sin\left(\frac{\pi}{2} - x\right)\right\}' = -\cos\left(\frac{\pi}{2} - x\right) = -\sin x$$

例題を参考にして以下の問を解き，三角関数の極限の求め方や微分の公式の使い方を練習しよう．

例題 2.12 $(\tan x)' = \dfrac{1}{\cos^2 x} = \sec^2 x$ を導け．

解答 商の微分の公式より
$$(\tan x)' = \left(\frac{\sin x}{\cos x}\right)' = \frac{(\sin x)' \cos x - \sin x (\cos x)'}{\cos^2 x} = \frac{\cos^2 x + \sin^2 x}{\cos^2 x}$$
$$= \frac{1}{\cos^2 x} = \sec^2 x$$

例題 2.13 $\displaystyle\lim_{x \to 0} \frac{\sin(3x)}{2x}$ の極限値を求めよ．

解答 $\displaystyle\lim_{x \to 0} \frac{\sin(3x)}{2x} = \lim_{x \to 0} \frac{\sin(3x)}{3x} \cdot \frac{3x}{2x} = \frac{3}{2} \lim_{x \to 0} \frac{\sin(3x)}{3x} = \frac{3}{2}$

問 2.13 次の極限値を求めよ．
(1) $\displaystyle\lim_{x \to 0} \frac{\sin(2x)}{5x}$ (2) $\displaystyle\lim_{x \to 0} \frac{\sin(4x)}{\sin(7x)}$

例題 2.14 関数 $y = \sin(5x^2 + 3)$ を微分せよ．

解答 合成関数の微分法より
$y' = (5x^2 + 3)' \cos(5x^2 + 3) = 10x \cos(5x^2 + 3)$

問 2.14 次の関数を微分せよ．
(1) $y = \sin(5x + 1)$ (2) $y = 2\cos(3x - 5)$ (3) $y = \tan(4x + 3)$

◇ **発展：三角関数の極限の公式の証明** ◇

極限の公式

$$\lim_{x \to 0} \frac{\sin x}{x} = 1$$

の証明をしておく．

2.4 三角関数の微分法

証明 まず，$0 < x < \dfrac{\pi}{2}$ の場合を考える．

図 2.2 のように半径 1 の円から小さな中心角 $2x (> 0)$ によって切り取られる扇形の面積 S_1 を考えると
$$S_1 = \frac{1}{2} 2x = x$$
一方，三角形 OAB の面積 S_0 は
$$S_0 = \frac{1}{2} \sin x \cos x \times 2 = \sin x \cos x$$
次に，四角形 OACB を考える．ここで AC は A 点での接線，BC は B 点での接線である．四角形 OACB の面積 S_2 は
$$S_2 = \frac{1}{2} \tan x \times 2 = \tan x$$

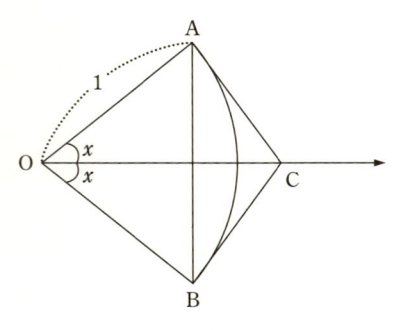

図 2.2 扇形の面積

これらの面積の間には，$S_0 < S_1 < S_2$ なる関係が成り立ち，x が小さくなればなるほど差がなくなってくる．
$$\sin x \cos x < x < \tan x$$
両辺を $\sin x > 0$ で割り，$x \to 0$ の極限を考えると
$$\lim_{x \to 0} \cos x < \lim_{x \to 0} \frac{x}{\sin x} < \lim_{x \to 0} \frac{1}{\cos x}$$
$\lim\limits_{x \to 0} \cos x = 1$，$\lim\limits_{x \to 0} \dfrac{1}{\cos x} = 1$ なので，はさみうちの原理により
$$\lim_{x \to 0} \frac{x}{\sin x} = 1$$
したがって
$$\lim_{x \to 0} \frac{\sin x}{x} = 1$$
さらに $x < 0$ の場合は，$x = -t$ とおいて
$$\lim_{x \to -0} \frac{\sin x}{x} = \lim_{t \to +0} \frac{\sin(-t)}{-t} = \lim_{t \to +0} \frac{\sin t}{t} = 1$$

節末問題

11. 次の極限値を求めよ．

(1) $\displaystyle\lim_{x\to 0}\frac{\sin(3x)}{2x^2+3x}$ (2) $\displaystyle\lim_{x\to 0}\frac{\sin(3x)}{\sin(7x)+x}$

12. 次の関数を微分せよ．

(1) $y=2\sin x$ (2) $y=\cos x-\sin x$
(3) $y=\sin(x^2+5)$ (4) $y=2\cos(5x-3)$
(5) $y=\tan(2x+1)$

問と節末問題の解答

問 **2.13** (1) $\dfrac{2}{5}$ (2) $\dfrac{4}{7}$

問 **2.14** (1) $5\cos(5x+1)$ (2) $-6\sin(3x-5)$ (3) $\dfrac{4}{\cos^2(4x+3)}$

11. (1) 1 (2) $\dfrac{3}{8}$

12. (1) $2\cos x$ (2) $-\sin x-\cos x$ (3) $2x\cos(x^2+5)$
(4) $-10\sin(5x-3)$ (5) $\dfrac{2}{\cos^2(2x+1)}$

2.5 微分法の公式 (2)

◇ 逆関数の微分法

逆関数 $y = f^{-1}(x)$ の微分法の公式は次式となる.

> **公式 2.17**
>
> 関数 $y = f(x)$ が区間 I で微分可能であり,I で $f'(x) \neq 0$ であるとする.このとき逆関数 $y = f^{-1}(x)$ は微分可能で,
> $$\frac{dy}{dx} = \frac{1}{\left(\dfrac{dx}{dy}\right)} = \frac{1}{\left(\dfrac{df(y)}{dy}\right)}$$
> である.

証明 逆関数 $y = f^{-1}(x)$ を $x = f(y)$ に直して考える.この式の両辺を x で微分する.$\dfrac{d}{dx}x = 1$ となるので,

$$1 = \frac{d}{dx}f(y)$$

右辺の微分に合成関数の微分法を使うと

$$1 = \frac{df(y)}{dy}\frac{dy}{dx}$$

したがって

$$\frac{dy}{dx} = \frac{1}{\left(\dfrac{df(y)}{dy}\right)}$$

この公式は,逆三角関数の微分法などのとき,主として用いられる.

◇ 逆三角関数の微分法

逆関数の微分法が必要になる.以下の例題を通して,逆関数の微分法を理解しよう.

例題 2.15 関数 $y = \sin^{-1}(x)$ を微分せよ.

解答 $x = \sin y$ より

$$\frac{dx}{dy} = \cos y, \ \frac{dy}{dx} = \frac{1}{\frac{dx}{dy}} = \frac{1}{\cos y}$$

となる. $-\frac{\pi}{2} \leqq y \leqq \frac{\pi}{2}$ なので $\cos y \geqq 0$ であるから，公式 1.7 より

$$\cos y = \sqrt{1 - \sin^2 y} = \sqrt{1 - x^2},$$

したがって

$$\frac{dy}{dx} = \frac{1}{\sqrt{1-x^2}}$$

問 2.15 関数 $y = \sin^{-1}(2x)$ を微分せよ.

例題 2.16 関数 $y = \cos^{-1}(x)$ を微分せよ.

解答 $x = \cos y$ より

$$\frac{dx}{dy} = -\sin y, \ \frac{dy}{dx} = \frac{1}{\frac{dx}{dy}} = -\frac{1}{\sin y}$$

$0 \leqq y \leqq \pi$ なので

$$\sin y \geqq 0, \ \sin y = \sqrt{1 - \cos^2 y} = \sqrt{1 - x^2},$$

したがって

$$\frac{dy}{dx} = -\frac{1}{\sqrt{1-x^2}}$$

問 2.16 関数 $y = \cos^{-1}(3x)$ を微分せよ.

例題 2.17 関数 $y = \tan^{-1}(x)$ を微分せよ．

解答 $x = \tan y$ より

$$\frac{dx}{dy} = \frac{1}{\cos^2 y}, \quad \frac{dy}{dx} = \frac{1}{\frac{dx}{dy}} = \cos^2 y \quad \cos^2 y = \frac{1}{1+\tan^2 y} = \frac{1}{1+x^2}, \quad (公式 1.8)$$

したがって

$$\frac{dy}{dx} = \frac{1}{1+x^2}$$

問 2.17 関数 $y = \tan^{-1}(3x)$ を微分せよ．

最後に公式として逆三角関数の導関数をまとめておく．

公式 2.18 逆三角関数の微分法

(1) $(\sin^{-1} x)' = \dfrac{1}{\sqrt{1-x^2}}$ $\quad (-1 < x < 1)$

(2) $(\cos^{-1} x)' = -\dfrac{1}{\sqrt{1-x^2}}$ $\quad (-1 < x < 1)$

(3) $(\tan^{-1} x)' = \dfrac{1}{1+x^2}$

◇ パラメータ表示の関数

 パラメータ表示の関数とは，直接 $y = f(x)$ と表す代わりに，パラメータ (t とする) を使って x, y を表し，関数関係を表現するものである．

$$x = g(t), \; y = h(t)$$

たとえば

$$x = \cos t, \; y = \sin t \quad (0 \leqq t \leqq \pi)$$

は，パラメータ t によって x と y が関係付けられており，

$$\cos^2 t + \sin^2 t = 1$$

を利用して t を消去すると
$$x^2 + y^2 = 1$$
ここで，t の範囲を考えると $y \geqq 0$ なので
$$y = \sqrt{1-x^2}$$
となる．このパラメータ表示の関数は半径 1 の円の上半分を表していることがわかる．

このようなパラメータ表示の関数の微分法は，次のようになる．

公式 2.19

$x = g(t), y = h(t)$ で，$g(t), h(t)$ が微分可能で $g'(t) \neq 0$ であるとする．このとき
$$\frac{dy}{dx} = \frac{\left(\dfrac{dy}{dt}\right)}{\left(\dfrac{dx}{dt}\right)} = \frac{\left(\dfrac{dh(t)}{dt}\right)}{\left(\dfrac{dg(t)}{dt}\right)}$$
である．

証明 $y = h(t)$ に $t = g^{-1}(x)$ を代入して，$y = h(g^{-1}(x))$ と合成関数で書ける．したがって，逆関数の微分法を使って，$\dfrac{dt}{dx} = \dfrac{1}{g'(t)}$ より，合成関数の微分法で
$$\frac{dy}{dx} = \frac{\left(\dfrac{dy}{dt}\right)}{\left(\dfrac{dx}{dt}\right)} = \frac{h'(t)}{g'(t)}$$
と書ける． ∎

例題 2.18 半径 1 の円の上半分を表すパラメータ表示の関数は
$$x = \cos t, y = \sin t \quad (0 < t < \pi)$$

この関数の微分 $\dfrac{dy}{dx}$ を求めよ.

解答 $\dfrac{dy}{dt} = \cos t, \dfrac{dx}{dt} = -\sin t$ したがって, $\dfrac{dy}{dx} = -\dfrac{\cos t}{\sin t}$ となる.

問 2.18 次のパラメータ表示の関数について $\dfrac{dy}{dx}$ を求めよ.

(1) $x = t + 1, y = t^2 + 3$ (2) $x = \dfrac{1-t^2}{1+t^2}, y = \dfrac{2t}{1+t^2}$ $(t > 0)$

節末問題

13. 次の関数を微分せよ.
(1) $y = \sin^{-1}(5x)$ (2) $y = \cos^{-1}(2x+1)$
(3) $y = x\sin^{-1}(2x)$ (4) $y = \sin^{-1}(\sqrt{x}) + \tan^{-1}(3x)$

14. 次の関数を微分せよ.
(1) $x = 1 + 2\cos t, y = 2 + 3\sin t$ (2) $x = \sqrt{t}, y = 2t^2 + 1$
(3) $x = t^2, y = \sqrt{t}$

問と節末問題の解答

問 **2.15** $\dfrac{2}{\sqrt{1-4x^2}}$

問 **2.16** $-\dfrac{3}{\sqrt{1-9x^2}}$

問 **2.17** $\dfrac{3}{1+9x^2}$

問 **2.18** (1) $\dfrac{dy}{dx} = 2t$ (2) $\dfrac{dy}{dx} = \dfrac{t^2-1}{2t}$

13. (1) $\dfrac{5}{\sqrt{1-25x^2}}$ (2) $-\dfrac{1}{\sqrt{-x(1+x)}}$ (3) $\sin^{-1}(2x) + \dfrac{2x}{\sqrt{1-4x^2}}$

(4) $\dfrac{1}{2\sqrt{x(1-x)}} + \dfrac{3}{1+9x^2}$

14. (1) $\dfrac{dy}{dx} = -\dfrac{3\cos t}{2\sin t}$ (2) $\dfrac{dy}{dx} = 8t\sqrt{t}$ (3) $\dfrac{dy}{dx} = \dfrac{1}{4t\sqrt{t}}$

3

不定積分

　この章では，ある関数の導関数がわかっているとき，もとの関数を求める「不定積分の計算法」について学ぶ．

3.1 簡単な関数の不定積分

◇ 原始関数と不定積分

一般に，関数 $y = F(x)$ を微分した結果が $y' = f(x)$ となるとき，$F(x)$ を $f(x)$ の**原始関数**という．

関数 $y = x^2$ を微分すると $y' = 2x$ となる．したがって，x^2 は $2x$ の原始関数である．また，関数 $y = \sin x$ を微分すると $y' = \cos x$ となる．したがって，$\sin x$ は $\cos x$ の原始関数である．

$(x^2 + 1)' = 2x$ なので，$x^2 + 1$ も $2x$ の原始関数の 1 つである．このように，一般に C を任意の定数とするとき，$x^2 + C$ という形に表せる関数はすべて $2x$ の原始関数であることがわかる．

> $2x$ の原始関数は $x^2 + C$ の形の式で表される．ただし，C は任意の定数である．

$x^2 + C$ は $2x$ のすべての原始関数を表している．このような式を $2x$ の**不定積分**といい $\int 2x\,dx$ という記号で表す．すなわち，

$$\int 2x\,dx = x^2 + C \quad (C \text{ は任意定数})$$

である．

一般に，関数 $F(x)$ が関数 $f(x)$ の原始関数の 1 つならば，$f(x)$ のすべての原始関数は $F(x) + C$ という形の式で表される．すなわち，

公式 3.1

$$F'(x) = f(x) \quad \text{ならば}$$
$$\int f(x)\,dx = F(x) + C \quad (C \text{ は任意定数})$$

である．

52　第 3 章　不定積分

このように，不定積分を式で表すと，必ず任意定数 C が現れる．この任意定数 C を**積分定数**という．また，関数 $f(x)$ の不定積分 $\int f(x)\,dx$ を求めることを，関数 $f(x)$ を**積分する**という．

例題 3.1 $\int 3x^2\,dx$ を求めよ．

解答 $(x^3)' = 3x^2$ であるから，x^3 は原始関数の1つである．したがって，
$$\int 3x^2\,dx = x^3 + C \quad (C \text{ は任意定数})$$
である． ∎

問 3.1 $\int 4x^3\,dx$ を求めよ．

2つの関数 $F(x), G(x)$ に対して $(F(x)+G(x))' = F'(x) + G'(x)$ が成り立ち，関数 $F(x)$ と定数 m に対して $(mF(x))' = mF'(x)$ が成り立っていた．これらに対応して，不定積分についても以下の公式が成り立つ．

公式 3.2

$$\int (f(x) + g(x))\,dx = \int f(x)\,dx + \int g(x)\,dx$$
$$\int m\,f(x)\,dx = m \int f(x)\,dx \quad (m \text{ は定数})$$

これらの公式を利用すると，不定積分の計算を簡単に行うことができる．

例題 3.2 $\int (2x + 3x^2)\,dx$ を求めよ．

解答
$$\int (2x + 3x^2)\,dx = \int 2x\,dx + \int 3x^2\,dx$$
$$= (x^2 + C_1) + (x^3 + C_2) \quad (C_1, C_2 \text{は任意定数})$$
$$= x^2 + x^3 + C \quad (C \text{ は任意定数})$$

上の解答で，C_1, C_2 は任意定数であるから，$C_1 + C_2$ も任意定数である．これを改めて C とおいた．

問 3.2 $\displaystyle\int \left(1 + x + \frac{x^2}{2} + \frac{x^3}{6}\right) dx$ を求めよ．

◇ 簡単な関数の不定積分

微分の公式 $(\sin x)' = \cos x$ からは，不定積分の公式
$$\int \cos x \, dx = \sin x + C \quad (C \text{ は任意定数})$$
が導かれる．このように，これまでに学習した微分公式から，それぞれに対応する不定積分の公式を作ることができる．結果をまとめると以下のようになる．なお，これらの公式では C はすべて積分定数を表す．

公式 3.3 基本的な関数の積分公式

(1) $\displaystyle\int x^\alpha \, dx = \frac{x^{\alpha+1}}{\alpha+1} + C \quad (\alpha \text{ は実数}, \alpha \neq -1)$

(2) $\displaystyle\int \frac{1}{x} \, dx = \log |x| + C$

(3) $\displaystyle\int \frac{f'(x)}{f(x)} \, dx = \log |f(x)| + C$

(4) $\displaystyle\int e^x \, dx = e^x + C$

(5) $\displaystyle\int \sin x \, dx = -\cos x + C$

(6) $\displaystyle\int \cos x \, dx = \sin x + C$

(7) $\displaystyle\int \sec^2 x \, dx = \int \frac{1}{\cos^2 x} \, dx = \tan x + C$

(8) $\displaystyle\int \frac{1}{\sqrt{1-x^2}} \, dx = \sin^{-1} x + C$

(9) $\displaystyle\int \frac{1}{1+x^2} \, dx = \tan^{-1} x + C$

上の公式を利用して，いくつかの不定積分を求めてみよう．

例題 3.3 $\int (2\cos x + 3e^x)\, dx$ を求めよ．

解答
$$\int (2\cos x + 3e^x)\, dx = 2\int \cos x\, dx + 3\int e^x\, dx$$
$$= 2\sin x + 3e^x + C$$

問 3.3 $\int \left(-3\sin x + \dfrac{3}{x}\right) dx$ を求めよ．

$\dfrac{f'(x)}{f(x)}$ の形の関数を積分すると $\log|f(x)| + C$ となることを用いると，次のように $\tan x$ の不定積分を計算することができる．

例題 3.4 $\int \tan x\, dx$ を求めよ．

解答 $\tan x$ の定義，および $(\cos x)' = -\sin x$ であることに注意すると
$$\tan x = -\frac{-\sin x}{\cos x} = -\frac{(\cos x)'}{\cos x}$$
と変形できるので
$$与式 = -\int \frac{-\sin x}{\cos x}\, dx = -\int \frac{(\cos x)'}{\cos x}\, dx = -\log|\cos x| + C$$

問 3.4 $\int \dfrac{x}{x^2+3}\, dx$ を求めよ．

◇ **分数関数の不定積分**

分数関数は，あらかじめ簡単な分数の和に分解しておくことによって不定積分が計算できることが多い．

例題 3.5 $\int \dfrac{x-1}{x+1}\, dx$ を求めよ．

解答 $\dfrac{x-1}{x+1} = \dfrac{(x+1)-2}{x+1} = 1 - \dfrac{2}{x+1}$ と変形して

$$\int \frac{x-1}{x+1}\, dx = \int \left(1 - \frac{2}{x+1}\right) dx = \int dx - 2\int \frac{1}{x+1}\, dx$$

$$= x - 2\log|x+1| + C$$

上の例題のように，分数関数の不定積分では，まず「分子の次数 < 分母の次数」となるまで割り算を行うと簡単になる．

問 3.5 $\displaystyle \int \frac{3x+10}{x+2}\,dx$ を求めよ．

◇ a^x の不定積分

a^x を微分すると，
$$(a^x)' = (e^{x\log a})' = e^{x\log a}\log a = a^x \log a$$

これから，次式が得られる．
$$\left(\frac{a^x}{\log a}\right)' = a^x$$

右辺と左辺を交換して積分公式の形にすると
$$\int a^x\,dx = \frac{a^x}{\log a} + C$$

となる．

関数 a^x は，微分すると $\log a$ 倍になり，積分したときはちょうどその逆の $\dfrac{1}{\log a}$ 倍になることに注意しよう．底が e である e^x に限り，微分しても積分してもちょうど $\log e = 1$ 倍になり，変わらないのである．

例題 3.6 $\displaystyle \int 10^x\,dx$ を求めよ．

解答 $\displaystyle \int 10^x\,dx = \frac{10^x}{\log 10} + C$ （C は任意定数）

問 3.6 $\displaystyle \int 3^x\,dx$ を求めよ．

次節以降では，置換積分法，部分積分法という積分計算の重要な 2 つのテクニックを学ぶ．これらをうまく用いると，積分できる関数の幅はさらに広がるであろう．

節末問題

1. 次の不定積分を求めよ．
(1) $\int (2x^3 - x^2 - x + 1)\,dx$ (2) $\int \dfrac{1}{x^4}\,dx$ (3) $\int 2e^x\,dx$
(4) $\int \left(x + \dfrac{1}{x} \right) dx$ (5) $\int \sqrt{x}\,dx$ (6) $\int \dfrac{2x}{x^2+1}\,dx$
(7) $\int \dfrac{2x+5}{x+3}\,dx$ (8) $\int 2^x\,dx$

問と節末問題の解答

問 **3.1** $x^4 + C$ (C は任意定数)

問 **3.2** $C + x + \dfrac{x^2}{2} + \dfrac{x^3}{6} + \dfrac{x^4}{24}$ (C は任意定数)

問 **3.3** $3\cos x + 3\log|x| + C$ (C は任意定数)

問 **3.4** $\dfrac{1}{2}\log(x^2+3) + C$ (C は任意定数)

問 **3.5** $3x + 4\log|x+2| + C$

問 **3.6** $\dfrac{3^x}{\log 3} + C$ (C は任意定数)

1. (1) $\dfrac{1}{2}x^4 - \dfrac{1}{3}x^3 - \dfrac{1}{2}x^2 + x + C$ (2) $-\dfrac{1}{3x^3} + C$ (3) $2e^x + C$
(4) $\dfrac{x^2}{2} + \log|x| + C$ (5) $\dfrac{2}{3}x^{3/2} + C$ (6) $\log(x^2+1) + C$
(7) $2x - \log|x+3| + C$ (8) $\dfrac{2^x}{\log 2} + C$

3.2 置換積分法

◇ 置換積分

合成関数の微分公式に対応する積分法の計算公式が置換積分である．

―― 公式 3.4　置換積分 ――――――――――――――――
原始関数をもつ関数 $f(x)$ に対して $x = \varphi(t)$ とおくとき，$\varphi(t)$ が微分可能ならば，
$$\int f(x)\,dx = \int f(\varphi(t))\varphi'(t)\,dt$$
が成り立つ．
――――――――――――――――――――――――――

証明　$f(x)$ の原始関数のひとつを $u = F(x)$ とすると
$$\frac{du}{dx} = f(x)$$
である．$x = \varphi(t)$ とおいてできる合成関数 $u = F(\varphi(t))$ を考える．合成関数の微分公式により
$$\frac{du}{dt} = \frac{du}{dx}\frac{dx}{dt} = f(x)\,\varphi'(t) = f(\varphi(t))\,\varphi'(t)$$
したがって，t の関数 $u = F(\varphi(t))$ は $f(\varphi(t))\varphi'(t)$ の原始関数の 1 つである．したがって
$$\int f(\varphi(t))\varphi'(t)\,dt = F(\varphi(t)) + C = F(x) + C = \int f(x)\,dx \qquad \blacksquare$$

置換積分の公式は，積分の変数 x を t の関数 $\varphi(t)$ とおいて，t に関する積分に直す公式と見ることができる．すなわち，置換積分の公式は積分の変数変換の公式である．

注意　$\varphi'(t)$ を $\dfrac{dx}{dt}$ と書けば，置換積分の公式は
$$\int f(x)\,dx = \int f(\varphi(t))\frac{dx}{dt}\,dt$$

となる．これは形式的に右辺の分母と分子にある dt を約分すると左辺になるという覚えやすい形をしている．実際の計算では，左辺の x に $\varphi(t)$ を代入すると同時に，$\dfrac{dx}{dt} = \varphi'(t)$ の分母を払った式 $dx = \varphi'(t)\,dt$ を dx に代入すればよい．

例題 3.7 $\displaystyle\int (3x+4)^4\,dx$ を計算せよ．

解答 $3x+4 = t$ とおくならば，$x = \dfrac{t-4}{3}$，したがって $\dfrac{dx}{dt} = \dfrac{1}{3}$，すなわち $dx = \dfrac{dt}{3}$ である．これを与式に代入して

$$\int (3x+4)^4\,dx = \int t^4\,\frac{dt}{3} = \frac{t^5}{3\cdot 5} + C = \frac{(3x+4)^5}{15} + C$$

である．

注意 積分

$$\int x^4\,dx = \frac{1}{5}x^5 + C$$

の両辺において x を $3x+4$ に書き換えると

$$\int (3x+4)^4\,dx = \frac{1}{5}(3x+4)^5 + C$$

となるが，右辺を微分しても $(3x+4)^4$ に戻らない．これは間違いである．

問 3.7 次の不定積分を求めよ．
(1) $\displaystyle\int (3x+4)^9\,dx$ (2) $\displaystyle\int \sin(2x-3)\,dx$

◇ 置換積分による計算の実際

置換積分の公式は，実際の計算では右辺と左辺を逆にして利用することの方が多い．すなわち，与えられた不定積分が $\displaystyle\int f(\varphi(x))\varphi'(x)\,dx$ の形であるときは $\varphi(x) = t$ とおくと，上の定理により

$$\int f(\varphi(x))\varphi'(x)\,dx = \int f(t)\,dt$$

となる．

これにより，積分される関数が $\varphi(x)$ の関数と $\varphi'(x)$ との積の形になっている場合には，置換積分によってより簡単な積分に直せることになるのである．

このときも，置き換え $t = \varphi(x)$ を行ったら，
$$\frac{dt}{dx} = \varphi'(x)$$
となるので，ここから '形式的に分母を払った式' $dt = \varphi'(x)\,dx$ を用いて，問題の積分の中の $\varphi'(x)\,dx$ の部分を dt に「置き換える」のだと思えば操作の手順を覚えやすい．これだけでは式の上の形式的な説明に過ぎないと思われるかもしれないが，後に定積分を学べば，このあたりの変形が何を意味しているのかがもう少しよく把握できるであろう．

例題 3.8 $\displaystyle\int \sin^2 x \cos x\,dx$ を求めよ．

解答 $\sin x = t$ とおくと，$\dfrac{dt}{dx} = \cos x$ より，$dt = \cos x\,dx$ となるので
$$\int \sin^2 x \cos x\,dx = \int t^2\,dt = \frac{t^3}{3} + C = \frac{\sin^3 x}{3} + C$$

問 3.8 $\displaystyle\int \cos^2 x \sin x\,dx$ を求めよ．

例題 3.9 $\displaystyle\int \frac{\log x}{x}\,dx$ を求めよ．

解答 $\log x = t$ とおくと，$\dfrac{dt}{dx} = \dfrac{1}{x}$ より，$dt = \dfrac{1}{x}\,dx$ となるので
$$\int \log x \cdot \frac{1}{x}\,dx = \int t\,dt = \frac{t^2}{2} + C = \frac{(\log x)^2}{2} + C$$

問 3.9 $\displaystyle\int \frac{\cos(\log x)}{x}\,dx$ を求めよ．

例題 3.10 $\displaystyle\int \frac{dx}{9 + x^2}$ を求めよ．

解答 $\displaystyle\int \frac{1}{1 + \left(\dfrac{x}{3}\right)^2} \frac{dx}{9}$ と変形し，$\dfrac{x}{3} = t$ とおくと，$\dfrac{dt}{dx} = \dfrac{1}{3}$ より，$dt = \dfrac{1}{3}\,dx$

となるので
$$与式 = \frac{1}{3}\int \frac{dt}{1+t^2} = \frac{1}{3}\tan^{-1} t + C = \frac{1}{3}\tan^{-1}\frac{x}{3} + C$$

問 3.10 次の不定積分を求めよ．

(1) $\displaystyle\int \frac{dx}{16+x^2}$ (2) $\displaystyle\int \frac{dx}{\sqrt{4-x^2}}$

注意 積分 $\displaystyle\int (3x^2+1)^2 dx$ において，$t = 3x^2+1$ とおき，
$$\int (3x^2+1)^2 dx = \int t^2 \frac{dt}{6x} = \frac{1}{6x}\int t^2 dt = \frac{1}{6x}\left(\frac{t^3}{3} + C\right)$$
とする人がいるが，これは誤りである．x は t の関数であり，これを積分記号の外へ移動することはできない．

節末問題

2. 次の不定積分を求めよ．

(1) $\displaystyle\int (2x-1)^4 dx$ (2) $\displaystyle\int \sqrt{3x+2}\, dx$ (3) $\displaystyle\int \cos(2x+5)\, dx$

(4) $\displaystyle\int 2x(x^2+1)^3 dx$ (5) $\displaystyle\int \sin^3 x\, dx$ (6) $\displaystyle\int \frac{dx}{x(1+\log x)}$

(7) $\displaystyle\int \frac{dx}{x^2-2x+10}$

3. 次の不定積分を求めよ．

(1) $\displaystyle\int e^{2x} dx$ (2) $\displaystyle\int \cos 4x\, dx$ (3) $\displaystyle\int (3\sin 2x - 2\cos 3x)\, dx$

(4) $\displaystyle\int \sin\left(\frac{x}{3} - 2\right) dx$ (5) $\displaystyle\int \sec^2 \frac{x}{2}\, dx$

4. 次の不定積分を求めよ．

(1) $\displaystyle\int \left(1 + \frac{x}{3}\right)^4 dx$ (2) $\displaystyle\int \frac{dx}{(2x+1)^3}$ (3) $\displaystyle\int x\sqrt{x^2+1}\, dx$

(4) $\displaystyle\int \frac{1}{x^2}\left(1 - \frac{3}{x}\right)^4 dx$ (5) $\displaystyle\int \frac{e^x}{1+e^x} dx$

問と節末問題の解答

問 3.7 (1) $\dfrac{1}{30}(3x+4)^{10}+C$　　(2) $-\dfrac{1}{2}\cos(2x-3)+C$

問 3.8　$-\dfrac{\cos^3 x}{3}+C$

問 3.9　$\sin(\log x)+C$

問 3.10　(1) $\dfrac{1}{4}\tan^{-1}\dfrac{x}{4}+C$　　(2) $\sin^{-1}\dfrac{x}{2}+C$

2. (1) $\dfrac{1}{10}(2x-1)^5+C$　　(2) $\dfrac{2}{9}(3x+2)^{3/2}+C$　　(3) $\dfrac{1}{2}\sin(2x+5)+C$
(4) $\dfrac{1}{4}(x^2+1)^4+C$　　(5) $\dfrac{1}{3}\cos^3 x-\cos x+C$　　(6) $\log|(1+\log x)|+C$
(7) $\dfrac{1}{3}\tan^{-1}\dfrac{x-1}{3}+C$

3. (1) $\dfrac{1}{2}e^{2x}+C$　　(2) $\dfrac{1}{4}\sin 4x+C$　　(3) $-\dfrac{3}{2}\cos 2x-\dfrac{2}{3}\sin 3x+C$
(4) $-3\cos\left(\dfrac{x}{3}-2\right)+C$　　(5) $2\tan\dfrac{x}{2}+C$

4. (1) $\dfrac{3}{5}\left(1+\dfrac{x}{3}\right)^5+C$　　(2) $-\dfrac{1}{4(2x+1)^2}+C$　　(3) $\dfrac{1}{3}(x^2+1)^{3/2}+C$
(4) $\dfrac{1}{15}\left(1-\dfrac{3}{x}\right)^5+C$　　(5) $\log(1+e^x)+C$

3.3 部分積分法

◇ 部分積分

合成関数の微分公式に対応するものが置換積分であった．積の微分公式に対応するものが部分積分である．

公式 3.5　部分積分

2 つの微分可能な関数 $f(x), g(x)$ について，
$$\int f(x)g'(x)\,dx = f(x)g(x) - \int f'(x)g(x)\,dx$$
が成り立つ．

証明　積の微分公式
$$\{f(x)g(x)\}' = f'(x)g(x) + f(x)g'(x)$$
より
$$f(x)g'(x) = \{f(x)g(x)\}' - f'(x)g(x)$$
両辺を積分すると
$$\int f(x)g'(x)\,dx = f(x)g(x) + C - \int f'(x)g(x)\,dx$$
となるが，右辺の積分定数 C は最後の不定積分に含めて考えてよい． ∎

部分積分を用いるときは，前の積分 $\int f(x)g'(x)\,dx$ に比べて，後の積分 $\int f'(x)g(x)\,dx$ の方が簡単になるように $f(x), g(x)$ を選ぶことが大切である．

例題 3.11　$\int x\,e^x\,dx$ を求めよ．

解答 1　部分積分の公式において，$f(x) = x, g'(x) = e^x$ とみなす．すなわち，e^x を $(e^x)'$ とみなすことにより

$$\int x\,e^x\,dx = \int x(e^x)'\,dx$$
$$= xe^x - \int 1\cdot e^x\,dx$$
$$= xe^x - (e^x + C_1) \quad (C_1\text{は積分定数})$$
$$= xe^x - e^x + C$$

ここで $-C_1 = C$ とおいた．

上の解答では，e^x を $(e^x)'$ とみなして部分積分を行った．今度は逆に，公式において，$f(x) = e^x, g'(x) = x$ とみなす．すなわち，x を $\left(\dfrac{x^2}{2}\right)'$ とみなして部分積分を行ってみよう．

解答 2 $x = \left(\dfrac{x^2}{2}\right)'$ より

$$\int x\,e^x\,dx = \int \left(\frac{x^2}{2}\right)' e^x\,dx = \frac{x^2}{2}e^x - \int \frac{x^2}{2}e^x\,dx = \cdots\cdots [?]$$

解答 2 では，前の積分 $\int f(x)g'(x)\,dx$ に比べて，後の積分 $\int f'(x)g(x)\,dx$ がより複雑になってしまい，計算を終えることができない．部分積分を用いた積分の計算では，解答 1 のように，**積分がより簡単になる方向に変形しないと失敗する**ことがわかる．

問 3.11 $\int x\,e^{-x}\,dx$ を求めよ．

◇ $(x)' = 1$ を利用した積分計算

部分積分の公式で $g(x) = x$ とした場合，

$$\int f(x)\,dx = xf(x) - \int xf'(x)\,dx$$

となる．このことを利用して積分が計算できることがある．

例題 3.12 $\int \log x \, dx$ を求めよ.

解答 $\int \log x \, dx = \int 1 \log x \, dx = \int (x)' \log x \, dx$ とみなすと

$$\int \log x \, dx = x \log x - \int x \frac{1}{x} \, dx = x \log x - \int dx$$

$$= x \log x - (x + C') = x(\log x - 1) + C$$

ここで, $-C' = C$ とおいた.

問 3.12 $\int \tan^{-1} x \, dx$ を求めよ.

◇ 発展：部分積分が 2 度必要な場合 ◇

積分によっては，部分積分を 2 度行ってはじめて解ける場合がある.

例題 3.13 $I = \int e^x \sin x \, dx$ を求めよ.

解答
$$I = e^x \sin x - \int e^x \cos x \, dx$$

$$= e^x \sin x - \left(e^x \cos x + \int e^x \sin x \, dx \right)$$

$$= e^x (\sin x - \cos x) - I$$

したがって,
$$2I = e^x (\sin x - \cos x)$$

両辺を 2 で割り，積分定数を書き加えると
$$I = \frac{1}{2} e^x (\sin x - \cos x) + C$$

問 3.13 $I = \int e^x \cos x \, dx$ を求めよ.

節末問題

5. 次の不定積分を求めよ．

(1) $\displaystyle\int (3x+2)\sin x\,dx$ (2) $\displaystyle\int (x-1)(x-4)^5\,dx$ (3) $\displaystyle\int x\,e^{2x}\,dx$

(4) $\displaystyle\int x^3 \log x\,dx$ (5) $\displaystyle\int \log(2x-1)\,dx$ (6) $\displaystyle\int e^{2x}\cos x\,dx$

(7) $\displaystyle\int x\log(1+x^2)\,dx$

◇問と節末問題の解答

問 **3.11** $-x\,e^{-x} - e^{-x} + C$

問 **3.12** $x\tan^{-1}x - \dfrac{1}{2}\log(1+x^2) + C$

問 **3.13** $\dfrac{1}{2}e^x(\cos x + \sin x) + C$

5. (1) $-(3x+2)\cos x + 3\sin x + C$ (2) $\dfrac{1}{14}(2x-1)(x-4)^6 + C$

(3) $\dfrac{1}{2}x\,e^{2x} - \dfrac{1}{4}e^{2x} + C$ (4) $\dfrac{x^4}{4}\log x - \dfrac{1}{16}x^4 + C$

(5) $\dfrac{1}{2}(2x-1)\log(2x-1) - x + C$ (6) $\dfrac{e^{2x}}{5}(\sin x + 2\cos x) + C$

(7) $\dfrac{1}{2}(1+x^2)\log(1+x^2) - \dfrac{x^2}{2} + C$

4

微分法の応用

　この章では，工学への応用で重要な，「テイラー展開」と「関数の性質を調べる方法」について学ぶ．

4.1 高階導関数

この章では，関数を繰り返し微分していくことによって，その関数について より詳しい情報を取り出す方法を考えよう．

◇ **2 階導関数**

関数 $y = f(x)$ の導関数 $f'(x)$ がまた微分可能であるとき，$f'(x)$ の導関数 $\{f'(x)\}'$ を考えることができる．これを $f(x)$ の **2 階導関数**といい，$f''(x)$ と書く．2 階導関数は $f''(x)$ の他に次の記号でも表される：

$$y'', \quad \frac{d^2 y}{dx^2}, \quad \{f(x)\}'', \quad \frac{d^2}{dx^2} f(x) \quad \text{など}$$

たとえば，x は時間を，$f(x)$ は時間 x にともなって変化するある量を表すと考えれば，$f'(x)$ は量 $f(x)$ が時間にしたがって変化する速度，$f''(x)$ は変化の加速度(すなわち，速度の変化率)である．

例題 4.1 $y = 4x^3 + 2x^2 - x + 7$ のとき，y'' を求めよ．

解答 $y' = 12x^2 + 4x - 1,\ y'' = 24x + 4$

例題 4.1 のように，一般に y が x の 3 次関数ならば，y' は x の 2 次関数，y'' は x の 1 次関数となる．

問 4.1 次の関数 y の 2 階導関数を求めよ．
(1) $y = 2x^3 - x^2 + x + 1$ (2) $y = (2x - 5)^4$ (3) $y = \sqrt{x^2 + 1}$
(4) $y = x^2 \log x$

◇ **n 階導関数**

もし，$f''(x)$ がさらに微分可能であれば，**3 階導関数** $f'''(x)$ が考えられる．以下，同様に繰り返して，一般に $f(x)$ を順次 n 回微分して得られる関数を考

えることができる．これを $f(x)$ の **n 階導関数**といい，

$$f^{(n)}(x), \quad y^{(n)}, \quad \frac{d^n y}{dx^n}, \quad \{f(x)\}^{(n)}, \quad \frac{d^n}{dx^n} f(x) \quad \text{など}$$

の記号で表す．

$f^{(n)}(x)$ が存在するとき，$f(x)$ は **n 回微分可能**であるという．任意の自然数 n に対して $f^{(n)}(x)$ が存在するとき，$f(x)$ は**無限回微分可能**であるという．

以下では，いくつかの基本的な関数の n 階導関数を求めてみよう．

例題 4.2 $y = x^\alpha$ の n 階導関数を求めよ．ただし，α は任意の実数である．

解答 順次微分すると

$$y' = \alpha x^{\alpha-1},$$
$$y'' = \alpha(\alpha-1)x^{\alpha-2},$$
$$y''' = \alpha(\alpha-1)(\alpha-2)x^{\alpha-3}, \cdots$$

となる．ゆえに

$$(x^\alpha)^{(n)} = \alpha(\alpha-1)(\alpha-2)\cdots(\alpha-n+1)x^{\alpha-n}$$

である．

例題 4.2 で，とくに $\alpha = m$ (自然数) の場合，$(x^m)^{(m)} = m(m-1)(m-2)\cdots 2\cdot 1 x^{m-m} = m!$ となる．そして，$n > m$ のとき，$(x^m)^{(n)}$ は 0 である．一般に，x の多項式で表される関数は，定数 (次数が 0 の多項式) となるまで，1 回微分するたびに次数が 1 ずつ下がっていく．

問 4.2 $y = \dfrac{1}{x}$ の n 階導関数を求めよ．

例題 4.3 $y = e^x$ の n 階導関数を求めよ．

解答 順次微分すると

$$y' = e^x,$$
$$y'' = e^x,$$

$$y''' = e^x, \cdots$$

となる．ゆえに

$$(e^x)^{(n)} = e^x$$

である．

問 4.3 次の関数の n 階導関数を求めよ．
(1) $y = e^{-x}$
(2) $y = a^x$ （ただし，a は 1 以外の正の実数である）

例題 4.4 $y = \sin x$ の n 階導関数を求めよ．

解答 順次微分すると

$$y' = \cos x,$$
$$y'' = -\sin x,$$
$$y''' = -\cos x,$$
$$y^{(4)} = \sin x, \cdots$$

となり，以下 $\sin x, \cos x, -\sin x, -\cos x$ が繰り返し現れる．したがって，$(\sin x)^{(n)}$ は n を 4 で割って，余りが 0 のとき $\sin x$，余りが 1 のとき $\cos x$，余りが 2 のとき $-\sin x$，余りが 3 のとき $-\cos x$ である．
また，

$$y' = \cos x = \sin\left(x + \frac{\pi}{2}\right)$$

に注意すると，

$$y'' = (y')' = \left\{\sin\left(x + \frac{\pi}{2}\right)\right\}' = \cos\left(x + \frac{\pi}{2}\right) = \sin\left(x + \frac{\pi}{2} + \frac{\pi}{2}\right)$$

より，一般に

$$(\sin x)^{(n)} = \sin\left(x + \frac{n\pi}{2}\right) \quad (n = 1, 2, 3, \cdots)$$

となる．

問 4.4 $y = \cos x$ の n 階導関数を求めよ．

例題 4.5 $y = \log |x|$ の n 階導関数を求めよ．

解答 順次微分すると
$$y' = \frac{1}{x} = x^{-1},$$
$$y'' = (-1)x^{-2}$$
$$y''' = (-1)(-2)x^{-3}$$
$$y^{(4)} = (-1)(-2)(-3)x^{-4}, \cdots$$

となる．ゆえに $n \geqq 1$ のとき
$$y^{(n)} = (-1)(-2)(-3)\cdots(-n+1)x^{-n} = (-1)^{n-1}\frac{(n-1)!}{x^n}$$

問 4.5 $y = \log |2x|$ の n 階導関数を求めよ．

例題 4.6 次の関数の n 階導関数を求めよ．$(n \geqq 1)$
(1) $y = (2x+3)^m$ (m は自然数)   (2) $y = e^{3x-2}$
(3) $y = \sin(2x-5)$ (4) $y = \log(1-x)$

解答 (1) $y' = 2m(2x+3)^{m-1}$, $\quad y'' = 2^2 m(m-1)(2x+3)^{m-2}, \cdots$
より，
$$y^{(n)} = 2^n m(m-1)(m-2)\cdots(m-n+1)(2x+3)^{m-n} \quad (n \leqq m),$$
$$y^{(n)} = 0 \quad (n > m)$$

(2) $y' = 3e^{3x-2}, \quad y'' = 3^2 e^{3x-2}, \cdots$ より，$y^{(n)} = 3^n e^{3x-2}$

(3) $y' = 2\sin\left(2x-5+\frac{\pi}{2}\right), \quad y'' = 2^2 \sin\left(2x-5+\frac{2\pi}{2}\right), \cdots$ より，
$$y^{(n)} = 2^n \sin\left(2x-5+\frac{n\pi}{2}\right)$$

(4) $y' = \dfrac{1}{1-x} \cdot (-1) = -(1-x)^{-1}, \quad y'' = -(-1)(1-x)^{-2} \cdot (-1) =$

$-(1-x)^{-2}$, $y''' = -2(1-x)^{-3}$, $y^{(4)} = -2 \cdot 3(1-x)^{-4}, \cdots$ となるから,
$$y^{(n)} = -(n-1)!\,(1-x)^{-n} = -\frac{(n-1)!}{(1-x)^n}$$

問 4.6 次の関数の n 階導関数を求めよ. $(n \geqq 1)$
(1) $y = \dfrac{1}{3x+1}$ (2) $y = e^{-2x+1}$
(3) $y = \cos(4x-1)$ (4) $y = \sqrt{4x+1}$

節末問題

1. 次の関数の 2 階導関数を求めよ.
(1) $y = 4x^5 - 2x^3 - x + 6$ (2) $y = (2x-3)^5$ (3) $y = \sin 2x$

2. 次の関数の 3 階導関数を求めよ.
(1) $y = x^4 + x^3 - 3x^2 + x - 5$ (2) $y = \dfrac{1}{x}$ (3) $y = \log(-2x+3)$
(4) $y = \sqrt{2x+1}$

3. 次の関数の n 階導関数を求めよ.
(1) $y = \dfrac{1}{3+x}$ (2) $y = e^{1-x}$ (3) $y = \sin(2x-1)$
(4) $y = \log\sqrt{2x+2}$ (5) $y = \dfrac{1}{x(x+1)}$ (ヒント : $\dfrac{1}{x(x+1)} = \dfrac{1}{x} - \dfrac{1}{x+1}$)

問と節末問題の解答

問 4.1   (1) $12x - 2$ (2) $48(2x-5)^2$ (3) $(x^2+1)^{-\frac{3}{2}}$
(4) $3 + 2\log x$

問 4.2 $\dfrac{(-1)^n n!}{x^{n+1}}$

問 4.3   (1) $(-1)^n e^{-x}$ (2) $a^x (\log a)^n$

問 4.4 $\cos\left(x + \dfrac{n\pi}{2}\right)$ $(n = 1, 2, 3, \cdots)$

問 4.5 $(-1)^{n-1} \dfrac{(n-1)!}{x^n}$

問 4.6 (1) $\dfrac{(-1)^n n! \, 3^n}{(3x+1)^{n+1}}$ (2) $(-2)^n e^{-2x+1}$ (3) $4^n \cdot \cos\left(4x - 1 + \dfrac{n\pi}{2}\right)$

(4) $(-1)^{n-1} 2^n \, 1 \cdot 3 \cdot 5 \cdot \cdots \cdot (2n-3)(4x+1)^{\frac{1}{2}-n}$

1. (1) $80x^3 - 12x$ (2) $80(2x-3)^3$ (3) $-4\sin 2x$

2. (1) $24x + 6$ (2) $-6x^{-4}$ (3) $16(2x-3)^{-3}$

(4) $3(2x+1)^{-\frac{5}{2}}$

3. (1) $\dfrac{(-1)^n n!}{(x+3)^{1+n}}$ (2) $(-1)^n e^{1-x}$ (3) $2^n \cdot \sin\left(2x - 1 + \dfrac{n\pi}{2}\right)$

(4) $\dfrac{(-1)^{n-1}(n-1)!}{2(x+1)^n}$ (5) $(-1)^n n!\left\{\dfrac{1}{x^{n+1}} - \dfrac{1}{(x+1)^{n+1}}\right\}$

4.2 テイラー級数

トルコなど古代西アジア地方の暦の制作では，関数 $\sin x$ をいくつかの区間に分けて2次関数で近似することが行われていた．$\sin x$ は多項式では表せない周期関数であるが，ある '狭い' 範囲に限定すれば多項式によって実用上十分なほどよく近似できる．古代の人たちはこのようなことを直感的に理解して，観測できないデータの穴を埋めていたことになる．

このようなことを踏まえて，この節では関数を多項式で近似するとはどういうことなのかを 'われわれの流儀によって' 定義してみよう．

◇ 点 $x = a$ における接線

微分可能な関数 $f(x)$ が与えられているとする．このとき，$x = a$ の近くの x だけ考えることにしよう．そこでは $f(x)$ として，$x = a$ で接する接線で置き換えてしまうと

$$f(x) \approx f(a) + f'(a)(x - a)$$

となる．$\approx$ は，"近い" ということを表すとしよう．この意味については後でもう少し詳しく考え直すことにする (付録参照)．

ここで行ったことは左辺の関数をある1次式で近似的に表したことになる．では1次式の代わりに2次式や3次式を考えれば，もっと正確に $f(x)$ を表すことができるのではないだろうか．

◇ 関数を多項式で近似すること

いま，関数 $f(x)$ と点 $x = a$ が与えられているとする．たとえば，$f(x) = e^x$ とか $\sin x$ とかを思い浮かべてみよう．すると，これらは x の多項式ではない．いま a に近い x を考えるので，$x = a + t$ とおき，x の代わりに t を考えることにすると，$f(a + t)$ に何らかの意味で "近い" n 次多項式

$$p(t) = b_0 + b_1 t + b_2 t^2 + \cdots + b_n t^n$$

を求められないかという問題を考えればよいことになる．まず，両者の差を

$$g(t) = f(a+t) - (b_0 + b_1 t + b_2 t^2 + \cdots + b_n t^n)$$

とおくと，$p(t)$ が $f(a+t)$ に "近い" とは $g(t)$ が "関数 0 に近い" ことであると言い換えられるが，その条件をここでは

$$g(0) = g'(0) = g''(0) = \cdots = g^{(n)}(0) = 0$$

ということであると考えることにする．すなわち，$t=0$ における両者の高階微分係数が n 階まですべて等しいとき，これらの関数は "近い" と考えようというわけ (われわれの立場) である．

この条件から

$$f(a) = b_0, f'(a) = b_1, f''(a) = 2\,b_2, \cdots, f^{(n)}(a) = n!\,b_n$$

となるので，変数を x に戻して考えると，$x=a$ の近くで $p(x-a)$ が $f(x)$ に '近い' という条件は

$$b_k = \frac{f^{(k)}(a)}{k!} \qquad (k = 0, 1, 2, \cdots, n)$$

となる．

ここで $n \to \infty$ とすれば，

$$f(a) + f'(a)(x-a) + \frac{f''(a)}{2!}(x-a)^2 + \frac{f'''(a)}{3!}(x-a)^3 + \cdots$$

という無限級数が得られるが，これを $f(x)$ の点 $x=a$ における**テイラー級数**とよぶ．

例題 4.7 関数 $y = \sin x$ の $x=0$ におけるテイラー級数を x^5 の項まで求めよ．

解答 $f(x) = \sin x$ とおくと，$f'(x) = \cos x, f''(x) = -\sin x, f'''(x) = -\cos x, f^{(4)} = \sin x, f^{(5)} = \cos x,$ となるので，$x=0$ とおくと，$f(0) = 0, f'(0) = 1, f''(0) = 0, f'''(0) = -1, f^{(4)}(0) = 0, f^{(5)}(0) = 1,$ である．したがって，$\sin x$ の $x=0$ におけるテイラー級数は

$$x - \frac{1}{3!}x^3 + \frac{1}{5!}x^5 - \cdots$$

となる.

　テイラー級数を途中の項で切ってできる多項式関数のグラフを $y = \sin x$ のグラフと比べてみると，$x = 0$ の付近では両者のグラフはよく一致していることがわかる (図 4.1). 加減乗除の四則演算回路しか内部にもたない関数電卓で $\sin 10°$ などの値が計算できるのは，実はこのことを利用しているのである.

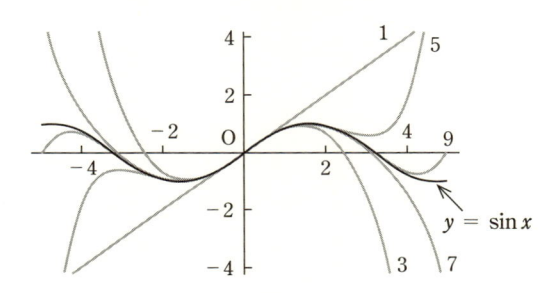

図 **4.1**　$\sin x$ のテイラー級数近似

問 4.7　関数 $y = \cos x$ の $x = 0$ におけるテイラー級数を x^4 の項まで求めよ.

◇ 点 $x = 0$ におけるテイラー級数

　以下では簡単のために $f(x)$ の $x = 0$ における**テイラー級数**のみを考える. なお，$x = 0$ におけるテイラー級数のことを**マクローリン級数**とよぶこともある.

例題 4.8　$f(x) = e^x$ の $x = 0$ におけるテイラー級数を x^3 の項まで求めよ.

解答　$f(x) = e^x$ より $f'(x) = e^x$, $f''(x) = e^x$, $f'''(x) = e^x$ となる. $x = 0$ を代入して，$f(0) = 1, f'(0) = 1, f''(0) = 1, f'''(0) = 1$ である. したがって

$$e^x = 1 + x + \frac{x^2}{2!} + \frac{x^3}{3!} + \cdots$$

問 4.8 次の関数の $x = 0$ におけるテイラー級数を x^2 の項まで求めよ.
  (1) $f(x) = \log(1+x)$ (2) $f(x) = (1+x)^\alpha$

◇ いろいろな関数のテイラー級数

e^x, $\sin x$, $\cos x$, $\log(1+x)$, $(1+x)^\alpha$ の $x = 0$ におけるテイラー級数のはじめの数項は次のようになる.

$$e^x = 1 + x + \frac{1}{2!}x^2 + \frac{1}{3!}x^3 + \cdots$$

$$\sin x = x - \frac{x^3}{3!} + \frac{x^5}{5!} - \frac{x^7}{7!} + \cdots$$

$$\cos x = 1 - \frac{x^2}{2!} + \frac{x^4}{4!} - \frac{x^6}{6!} + \cdots$$

$$\log(1+x) = x - \frac{x^2}{2} + \frac{x^3}{3} - \frac{x^4}{4} + \cdots$$

$$(1+x)^\alpha = 1 + \alpha x + \frac{\alpha(\alpha-1)}{2!}x^2 + \frac{\alpha(\alpha-1)(\alpha-2)}{3!}x^3 + \cdots$$

これらの基本的な関数のテイラー級数は単に規則的で美しいだけでなく,互いの間にはいろいろな関係がある.たとえば,テイラー級数がよく似ている関数は,隠れた関係でつながれていることが多い.

例題 4.9 (1) $(1+x)^\alpha$ のテイラー級数から,$\alpha = -1$ とおくことによって,$\dfrac{1}{1+x}$ のテイラー級数を導け.

(2) $\dfrac{1}{1+x}$ のテイラー級数から,項ごとに積分することによって,$\log(1+x)$ のテイラー級数を導け.また,さらに x に $-x$ を代入することによって,$\log(1-x)$ のテイラー級数を導け.

解答 (1) $(1+x)^\alpha$ のテイラー級数

$$(1+x)^\alpha = 1 + \alpha x + \frac{\alpha(\alpha-1)}{2!}x^2 + \cdots$$

において，両辺に $\alpha = -1$ を代入すると
$$(1+x)^{-1} = 1 + (-1)x + \frac{(-1)(-1-1)}{2!}x^2 + \cdots$$
すなわち
$$\frac{1}{1+x} = 1 - x + x^2 - x^3 + \cdots$$
(2) 上の式において，両辺を積分すると，$\log 1 = 0$ に注意して
$$\log(1+x) = x - \frac{x^2}{2} + \frac{x^3}{3} - \cdots$$
となる．また，この式の両辺で x に $-x$ を代入すると
$$\log(1-x) = -x - \frac{x^2}{2} - \frac{x^3}{3} - \cdots$$
となる．

問 4.9 $\log(1+x) = x - \frac{x^2}{2} + \frac{x^3}{3} + \cdots$ をもとにして，次の関数のテイラー級数を x^3 の項まで求めよ．

(1) $\log(1-2x)$　　(2) $\log\dfrac{1+x}{1-x}$

問 4.10 (1) $\dfrac{1}{1+x}$ のテイラー級数から，x に x^2 を代入することによって，$\dfrac{1}{1+x^2}$ のテイラー級数を導け．

(2) 次に，その結果から，項ごとに積分することによって，$\tan^{-1} x$ のテイラー級数を導け．

節末問題

4. 次の関数のテイラー級数を x^3 の項まで求めよ．

(1) e^{2x}　　(2) $\log(2-x)$　　(3) $\sqrt{1+2x}$

5. $\sin x$ のテイラー級数から，x に $2x$ を代入することによって，$\sin 2x$ のテイラー級数を導け．

6. $e^x = 1 + x + \dfrac{x^2}{2!} + \dfrac{x^3}{3!} + \cdots$ をもとにして，次の関数のテイラー級数を x^3 の項まで求めよ．

(1) $f(x) = e^{-x}$　　　(2) $f(x) = 3^x$

問と節末問題の解答

問 4.7　　$\cos x = 1 - \dfrac{x^2}{2!} + \dfrac{x^4}{4!} - \cdots$

問 4.8　　(1) $\log(1+x) = x - \dfrac{x^2}{2} + \cdots$

(2) $(1+x)^\alpha = 1 + \alpha x + \dfrac{\alpha(\alpha-1)}{2!} x^2 + \cdots$

問 4.9　　(1) $-2x - 2x^2 - \dfrac{8x^3}{3} - \cdots$　　(2) $2\left(x + \dfrac{x^3}{3} + \dfrac{x^5}{5} + \cdots\right)$

問 4.10　　(1) $1 - x^2 + x^4 - x^6 + \cdots$　　(2) $x - \dfrac{x^3}{3} + \dfrac{x^5}{5} - \dfrac{x^7}{7} + \cdots$

4.　　(1) $1 + 2x + 2x^2 + \dfrac{4}{3}x^3 + \cdots$　　(2) $\log 2 - \dfrac{x}{2} - \dfrac{x^2}{8} - \dfrac{x^3}{24} - \cdots$

(3) $1 + x - \dfrac{x^2}{2} + \dfrac{x^3}{2} - \cdots$

5.　　$2x - \dfrac{2^3}{3!}x^3 + \dfrac{2^5}{5!}x^5 - \cdots$

6.　　(1) $e^{-x} = 1 - x + \dfrac{x^2}{2!} - \dfrac{x^3}{3!} + \cdots$

(2) $3^x = 1 + (\log 3)\,x + (\log 3)^2 \dfrac{x^2}{2!} + (\log 3)^3 \dfrac{x^3}{3!} + \cdots$

4.3 平均値の定理

本章のここまでの部分では，テイラー級数の計算を主眼とし，その収束の問題については立ち入らなかった．歴史的には，テイラー級数がどの程度もとの関数をうまく'表現'しているのかを考えることが，微積分の基礎づけをしっかり行うための動機となった．

そこで，以下では微分法の理論の基礎となる定理について理解を深めておこう．さらに進んで理論的な基礎のもとに，テイラー級数を実際的な問題により有効に応用できるようにしたい場合は本書の付録を学んでほしい．

◇ ロールの定理

次の2つの定理は微分法の理論で重要な役割を果たす．

定理 4.1　ロールの定理

$f(x)$ が微分可能であって，$a, b\ (a < b)$ に対して $f(a) = f(b)$ ならば，
$$f'(c) = 0 \quad かつ \quad a < c < b$$
を満たす c が (少なくとも1つ) 存在する．

証明は付録にまわし，定理の意味を考えよう．

ロールの定理は，グラフ上の2点 $\mathrm{P}(a, f(a))$, $\mathrm{Q}(b, f(b))$ を結ぶ線分 PQ と平行な接線，すなわち，傾きが0である接線が a と b の間のどこかの点 c で引けることを主張しているので，グラフからは明らかなことである．ロールの定理は結論の条件を満たす c が少なくとも1つ存在することを述べているだけであり，c の具体的な値につい

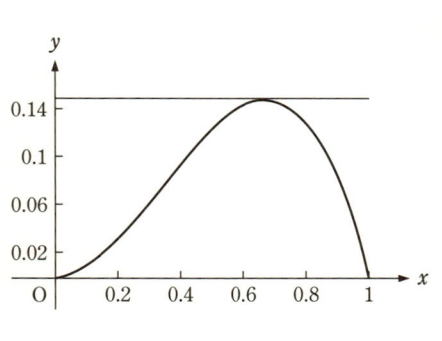

図 4.2　$y = x^2(1-x)$ のグラフ

ては何もいっていないし，実際に c がいくつ存在するかも個々の関数 $f(x)$ しだいで決まる．

以下，いくつかの具体例について実際に c の値を求めることによって，ロールの定理が成り立つことを確かめよう．

例題 4.10 $a > 0$ とする．関数 $f(x) = x(a-x)$ は区間 $[0,a]$ に関してロールの定理の仮定 $f(0) = f(a)$ を満たしている．$f'(c) = 0$ かつ $0 < c < a$ を満たす数 c を求めよ．

解答 $f(x) = ax - x^2$ より，$f'(x) = a - 2x$ であり，$f'(c) = a - 2c = 0$ を解くと
$$c = \frac{a}{2}$$
となる．この c は確かに条件 $0 < c < a$ を満たしている． ∎

問 4.11 $a > 0$ とする．関数 $f(x) = x^2(a-x)$ は区間 $[0,a]$ に関してロールの定理の仮定 $f(0) = f(a)$ を満たしている．$f'(c) = 0$ かつ $0 < c < a$ を満たす数 c を求めよ (図 4.2 参照)．

◇ 平均値の定理

次の定理はロールの定理の簡単な応用であり，最初の一般化である．

定理 4.2　平均値の定理

$f(x)$ が微分可能ならば，任意の a, b $(a < b)$ に対して
$$f'(c) = \frac{f(b) - f(a)}{b - a} \quad \text{かつ} \quad a < c < b$$
すなわち
$$f(b) = f(a) + f'(c)(b - a) \quad \text{かつ} \quad a < c < b$$
を満たす c が (少なくとも 1 つ) 存在する．

証明は付録を参照のこと．

平均値の定理は，ロールの定理を拡張したもので，グラフ上の 2 点 P$(a, f(a))$, Q$(b, f(b))$ を結ぶ線分 PQ と平行な接線が a と b の間のどこかの点 c で引けるという主張はロールの定理と同様なので，グラフからは明らかなことである．とくに，$f(a) = f(b)$ となる場合がロールの定理である．

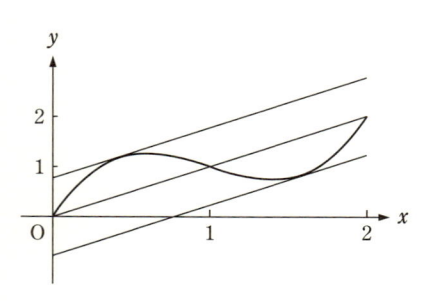

図 4.3　$y = 2x^3 - 6x^2 + 5x$ のグラフ

平均値の定理は微分可能な**すべての**関数について成り立つもので，微分法の理論では重要な役割を果たす．平均値の定理はロールの定理と同様に，結論の条件を満たす c が少なくとも 1 つ**存在**することを述べているだけであり，c の具体的な値については何もいっていないし，実際に c がいくつ存在するかも個々の関数 $f(x)$ しだいで決まる．

上の 2 つの定理では $a < b$ としているが，$a > b$ の場合にも $a > c > b$ として同様の結論が成り立つ．そこで，いずれの場合にも通用するように結論の式を書き換えてみよう．$x = a + (b - a)t$ において，$t = 0$ のとき $x = a$ であり，$t = 1$ のとき $x = b$ である．a と b の間の値 c は，a, b の大小によらずに，$0 < t < 1$ を満たすある t を用いて $c = a + (b - a)t$ と書ける．この t の値を θ と書けば，平均値の定理の結論を次のように書くことができる．

定理 4.3　平均値の定理

任意の a, b に対して
$$f(b) = f(a) + f'(a + \theta(b - a))(b - a) \quad \text{かつ} \quad 0 < \theta < 1$$
を満たす θ が (少なくとも 1 つ) 存在する．

また，$b - a = h$ とおくと結論は次のようになる．

定理 4.4　平均値の定理

任意の a, h に対して
$$f(a+h) = f(a) + f'(a+\theta h)h \quad かつ \quad 0 < \theta < 1$$
を満たす θ が (少なくとも1つ) 存在する.

以下，いくつかの具体例について実際に c および θ の値を求めてみることによって，平均値の定理が成り立つことを確かめよう.

例題 4.11　関数 $f(x) = x^2$ について，

(1) $f(b) - f(a) = f'(c)(b-a)$ を満たす数 c を求めよ.

(2) $f(b) - f(a) = f'(a + \theta(b-a))(b-a)$ を満たす数 θ を求めよ.

解答　$f(x) = x^2, f'(x) = 2x$ を上の式にあてはめると
$$b^2 = a^2 + 2c(b-a) \quad より \quad c = \frac{b^2 - a^2}{2(b-a)} = \frac{a+b}{2}$$
となる. この c の値は確かに条件 $a < c < b$ または $b < c < a$ を満たしている. また, このとき
$$\theta = \frac{c-a}{b-a} = \frac{1}{b-a}\left(\frac{a+b}{2} - a\right) = \frac{1}{2}$$

問 4.12　(1) 関数 $f(x) = x^3$ について，$f(b) - f(a) = f'(c)(b-a)$ かつ $a < c < b$ を満たす数 c を求めよ. ただし $0 < a < b$ とする.

(2) 関数 $f(x) = \dfrac{1}{x}$ について，$f(b) - f(a) = f'(c)(b-a)$ かつ $a < c < b$ を満たす数 c および，$f(b) - f(a) = f'(a + \theta(b-a))(b-a)$ かつ $0 < \theta < 1$ を満たす数 θ を求めよ. ただし $0 < a < b$ とする.

節末問題

7. $a > 0$ とする. 関数 $f(x) = x^2(a-x)^2$ は区間 $[0, a]$ に関してロールの定理の仮定 $f(0) = f(a)$ を満たしている. $f'(c) = 0$ かつ $0 < c < a$ を満たす数 c を求めよ.

8. 関数 $f(x) = \sqrt{x}$ について，$f(b) - f(a) = f'(c)(b-a)$ を満たす数 c を求めよ．ただし $0 < a < b$ とする．

9. ある区間で $f'(x) = g'(x) + a$ (a は定数) ならば，$f(x) - g(x)$ はどのような関数か．

10. $\lim_{x \to \infty} f'(x) = 1$ ならば，$\lim_{x \to \infty} f(x) = \infty$ であることを示せ．

問と節末問題の解答

問 4.11 $c = \dfrac{2}{3}a$

問 4.12 (1) $c = \sqrt{\dfrac{a^2 + ab + b^2}{3}}$ (2) $c = \sqrt{ab}, \theta = \dfrac{\sqrt{a}}{\sqrt{a} + \sqrt{b}}$

7. $c = \dfrac{a}{2}$

8. $c = \left(\dfrac{\sqrt{a} + \sqrt{b}}{2}\right)^2$

9. $f(x) - g(x) = ax + b$，ただし，b は定数である．

10. $x \to \infty$ のとき $f'(x) \to 1$ より，$x \geqq M$ ならば $f'(x) \geqq \dfrac{1}{2}$ となる M をとることができる．$M < x$ とする．区間 $[M, x]$ で平均値の定理より $f(x) - f(M) = f'(c)(x - M), M < c < x$ となる c が存在する．したがって，$f(x) = f(M) + f'(c)(x - M) \geqq f(M) + \dfrac{1}{2}(x - M)$ となる．ここで $x \to \infty$ とすれば，$f(x) \to \infty$ がわかる．

4.4 テイラーの定理

平均値の定理をさらに拡張したものがテイラーの定理である．

◇ テイラーの定理

平均値の定理では，関数 $f(x)$ で x が a から b まで変化したときの関数値の変化を

$$f(b) = f(a) + f'(c)(b-a), \quad \text{ただし} \quad a < c < b$$

のように導関数 $f'(x)$ を使って表した．関数 $f(x)$ の高階導関数を使って，この変化をもっと詳しく表したものが，**テイラーの定理**である．

定理 4.5　テイラーの定理

$f(x)$ は a, b を含む区間で n 回微分可能とする．このとき

$$f(b) = f(a) + f'(a)(b-a) + \frac{f''(a)}{2!}(b-a)^2 + \cdots$$
$$+ \frac{f^{(n-1)}(a)}{(n-1)!}(b-a)^{n-1} + R_n,$$
$$\text{ただし} \quad R_n = \frac{f^{(n)}(c)}{n!}(b-a)^n,$$

かつ $a < c < b$ を満たす c が (少なくとも 1 つ) 存在する．

証明は付録を参照のこと．

R_n を**剰余項**という．平均値の定理などと同様に，この定理は $a > b$ のときも $a > c > b$ として成り立つ．

テイラーの定理で $n = 1$ の場合が平均値の定理である．

平均値の定理のときのように，$c = a + \theta(b-a), 0 < \theta < 1$ と表すことができ，この表示は $a > b$ のときも有効である．さらに $h = b - a$ とおけば，テイラーの定理の結論は

$$f(a+h) = f(a) + f'(a)h + \frac{f''(a)}{2!}h^2 + \cdots + \frac{f^{(n-1)}(a)}{(n-1)!}h^{n-1} + R_n,$$

ただし

$$R_n = \frac{f^{(n)}(a+\theta h)}{n!}h^n \quad (0 < \theta < 1)$$

となる．

ここで $x = a+h$ とおき，$n \to \infty$ としたとき，$R_n \to 0$ となるならば，$f(x)$ は無限級数で表されたことになる．これが 4.2 節で述べた $f(x)$ の点 $x = a$ におけるテイラー級数である．テイラー級数を $f(x)$ の**テイラー展開**とよぶこともある．

とくに，$a = 0$ の場合は，$b = h = x$ とおいて，次の定理が得られる．

定理 4.6 $x = 0$ におけるテイラーの定理

$f(x)$ は 0 を含む区間で n 回微分可能とする．このとき，その区間の各点 x に対し

$$f(x) = f(0) + f'(0)x + \frac{f''(0)}{2!}x^2 + \cdots$$
$$+ \frac{f^{(n-1)}(0)}{(n-1)!}x^{n-1} + R_n,$$

ただし $R_n = \frac{f^{(n)}(\theta x)}{n!}x^n,$

かつ $0 < \theta < 1$ を満たす θ が (少なくとも 1 つ) 存在する．

$x = 0$ におけるテイラー展開を**マクローリン展開**とよぶこともある．

$n = 2$ の場合，$x = 0$ におけるテイラーの定理の式は

$$f(x) = f(0) + f'(0)x + \frac{f''(\theta x)}{2!}x^2 \quad (0 < \theta < 1)$$

となる．

例題 4.12 関数 $f(x) = \cos x$ に $x = 0$ におけるテイラーの定理 $(n = 2)$ をあてはめよ．

解答 上の式に，$f'(x) = -\sin x$, $f''(x) = -\cos x$ をあてはめて，
$$\cos x = 1 - \frac{\cos\theta x}{2}x^2 \quad (0 < \theta < 1)$$
を満たす θ が少なくとも 1 つ存在する．

問 4.13 関数 $f(x) = \sqrt{1+x}$ に $x = 0$ におけるテイラーの定理 $(n = 2)$ をあてはめよ．

節末問題

11. 次の関数に $x = 0$ におけるテイラーの定理 $(n = 2)$ をあてはめよ．

(1) $f(x) = \dfrac{1}{1+x}$　　(2) $f(x) = \sin x$　　(3) $f(x) = \log(1+x)$

(4) $f(x) = \cos 2x$　　(5) $f(x) = \dfrac{1}{\sqrt{1+x}}$

問と節末問題の解答

問 4.13 $\sqrt{1+x} = 1 + \dfrac{x}{2} - \dfrac{x^2}{8\sqrt{(1+\theta x)^3}} \quad (0 < \theta < 1)$

11. 以下の各式を満たす θ が $0 < \theta < 1$ の範囲に (少なくとも 1 つ) 存在する．

(1) $\dfrac{1}{1+x} = 1 - x + \dfrac{x^2}{(1+\theta x)^3}$　　(2) $\sin x = x - \dfrac{\sin\theta x}{2}x^2$

(3) $\log(1+x) = x - \dfrac{x^2}{2(1+\theta x)^2}$　　(4) $\cos 2x = 1 - 2\cos(2\theta x)\, x^2$

(5) $\dfrac{1}{\sqrt{1+x}} = 1 - \dfrac{1}{2}x + \dfrac{3}{8}(1+\theta x)^{-\frac{5}{2}} x^2$

4.5 極限の計算

ここまで学んできた微分やテイラー級数の知識を応用して，いろいろな極限値を求めてみよう．

◇ 近似多項式の利用

例題 4.13 $\displaystyle\lim_{x\to 0}\left(\frac{1}{\sin^2 x} - \frac{1}{x^2}\right)$ の極限を求めよ．

解答 通分すると

$$\frac{1}{\sin^2 x} - \frac{1}{x^2} = \frac{x^2 - \sin^2 x}{x^2 \sin^2 x} = \frac{(x-\sin x)(x+\sin x)}{x^2 \sin^2 x}$$

となる．ここで，77 ページの近似式 $\sin x \approx x - \dfrac{x^3}{6}$ (p.193 の近似式を見よ) を用いると

$$\frac{1}{\sin^2 x} - \frac{1}{x^2} \approx \frac{\frac{1}{6}\left(2 - \frac{x^2}{6}\right)}{\left(1 - \frac{x^2}{6}\right)^2} \to \frac{1}{3} \quad (x \to 0)$$

となる．

問 4.14 次の極限を求めよ．
 (1) $\displaystyle\lim_{x\to 0}\frac{e^x - 1}{x}$　　(2) $\displaystyle\lim_{x\to 0}\frac{1}{x}\left(\frac{1}{\sqrt{1-x}} - \frac{1}{\sqrt{1+x}}\right)$
 (3) $\displaystyle\lim_{x\to 0}\frac{1}{x}\left(\frac{1}{\sin x} - \frac{1}{\tan x}\right)$

◇ 不定形の極限値

たとえば，$\displaystyle\lim_{x\to 0}\frac{\sin x}{x}$ のような極限値は，そのままでは $\dfrac{0}{0}$ の形となるため，直接求めることはできない．$\dfrac{\infty}{\infty}$ とか $\infty - \infty$ とか $\infty \cdot 0$ とか 0^0 とか 1^∞ の形になる場合もそうである．これらの形を **不定形の極限値** という．極限値の中には，この不定形の極限値，あるいは少し変形すれば不定形の極限値となるも

のも多い．

不定形の極限値を求めるには，次の便利な定理がある．

定理 4.7　ロピタルの定理

$\dfrac{0}{0}$ の形の不定形の極限については，次の式で計算できる．
$$\lim_{x \to a} \frac{f(x)}{g(x)} = \lim_{x \to a} \frac{f'(x)}{g'(x)}$$

ロピタルの定理の結論は，「もし，右辺の極限が存在すれば，左辺の極限も存在して，等号が成り立つ」という意味である．

関数 $f(x)$, $g(x)$ が $x = 0$ の近くでテイラーの定理の仮定を満たし，$f(0) = g(0) = 0$ であるときは，それぞれ 1 次式 $f'(0)\,x$, $g'(0)\,x$ で近似できることから，定理は明らかに成り立つ．しかし，ロピタルの定理は $\sqrt{x}$ や $\log x$ のように，必ずしも $x = 0$ で微分可能でない関数や，$x \to 0$ のとき $\pm\infty$ になってしまう関数についても成り立つ．この定理も，ロールの定理から証明することができるが，本書では省略する．

注意　ロピタルの定理は $x \to a+0$, $x \to a-0$, $x \to \infty$, $x \to -\infty$ のときも成り立つ．

ロピタルの定理を用いていくつかの極限値を求めてみよう．

例題 4.14　$\displaystyle\lim_{x \to 0} \frac{\sin x}{x}$ を求めよ．

解答　ロピタルの定理より
$$\lim_{x \to 0} \frac{\sin x}{x} = \lim_{x \to 0} \frac{\cos x}{1} = 1$$

問 4.15　ロピタルの定理を用いて $\displaystyle\lim_{x \to 0} \frac{\sqrt{x+1}-1}{x}$ を求めよ．

例題 4.15 $\displaystyle\lim_{x\to 0}\frac{1-\cos x}{x^2}$ を求めよ．

解答 ロピタルの定理より

$$\lim_{x\to 0}\frac{1-\cos x}{x^2}=\lim_{x\to 0}\frac{\sin x}{2x}=\lim_{x\to 0}\frac{\cos x}{2}=\frac{1}{2}$$

注意 このように，ロピタルの定理は2回以上繰り返して用いてもよい．

問 4.16 ロピタルの定理を用いて $\displaystyle\lim_{x\to 0}\frac{\sin x-x}{x^3}$ を求めよ．

例題 4.16 $\displaystyle\lim_{x\to\infty} x^2 e^{-x}$ を求めよ．

解答 ロピタルの定理より

$$\lim_{x\to\infty} x^2 e^{-x}=\lim_{x\to\infty}\frac{x^2}{e^x}=\lim_{x\to\infty}\frac{2x}{e^x}=\lim_{x\to\infty}\frac{2}{e^x}=0$$

注意 このように，ロピタルの定理は $\dfrac{\infty}{\infty}$ の形の不定形に対しても成り立つ．

問 4.17 ロピタルの定理を用いて $\displaystyle\lim_{x\to +0} x\log x$ を求めよ．

節末問題

12. 次の極限を求めよ．

(1) $\displaystyle\lim_{x\to 0}\frac{\log(1+x)}{x}$ (2) $\displaystyle\lim_{x\to 0}\frac{1}{x}\left(\frac{1}{\sin x}-\frac{1}{x}\right)$

13. ロピタルの定理を用いて次の極限値を求めよ．

(1) $\displaystyle\lim_{x\to 0}\frac{\tan^{-1} x}{x}$ (2) $\displaystyle\lim_{x\to\infty}\frac{\log x}{x}$ (3) $\displaystyle\lim_{x\to 0}\left(\frac{1}{\sin x}-\frac{1}{x}\right)$

(4) $\displaystyle\lim_{x\to 0}\frac{(1+x)^4-1}{x}$ (5) $\displaystyle\lim_{x\to 0}\frac{\log(\cos 4x)}{\log(\cos x)}$

問と節末問題の解答

問 4.14   (1) 1   (2) 1   (3) $\dfrac{1}{2}$

問 4.15 $\dfrac{1}{2}$

問 4.16 $-\dfrac{1}{6}$

問 4.17 0

12. (1) 1   (2) $\dfrac{1}{6}$

13. (1) 1   (2) 0   (3) 0   (4) 4   (5) 16

4.6 関数の値の変化

◇ 関数の増減

区間 $[a,b]$ 上の関数 $f(x)$ が $x_1 < x_2$ ならば常に $f(x_1) < f(x_2)$ を満たすとき, $[a,b]$ で **増加する** といい, $x_1 < x_2$ ならば常に $f(x_1) > f(x_2)$ を満たすとき, $[a,b]$ で **減少する** という.

定理 4.8

$f(x)$ は微分可能とすると,

(a,b) で $f'(x) > 0$　ならば　$f(x)$ は $[a,b]$ で増加し,

(a,b) で $f'(x) < 0$　ならば　$f(x)$ は $[a,b]$ で減少する.

証明　平均値の定理より $f(x)$ が微分可能な区間上の 2 点 $x_1 < x_2$ に対して

$$f(x_2) - f(x_1) = f'(c)(x_2 - x_1), \quad x_1 < c < x_2$$

を満たす c が存在する. $x_2 - x_1 > 0$ より $f'(x) > 0$ を満たす区間では $f(x_2) - f(x_1) = f'(c)(x_2 - x_1) > 0$ となるので $f(x)$ は増加する. 同様にして $f'(x) < 0$ を満たす区間では減少することもわかる.

例題 4.17　関数 $f(x) = x^2 - 2x$ が増加する区間を求めよ.

解答　$f'(x) > 0$ となる区間を求める. $f'(x) = 2x - 2 = 2(x-1)$ だから, $f'(x) > 0$ になるのは $x > 1$ である. したがって, 定理 4.8 から, 求める区間は $[1, \infty)$ である.

同様にして $f'(x) < 0$ となるのは $x < 1$ であることもわかるので, $f(x)$ は区間 $(-\infty, 1]$ では減少する. これを表にまとめたのが, 次の **増減表** である.

x	$\cdots$	1	$\cdots$
f'	$-$	0	$+$
f	↘	-1	↗

ここで,右上向きの矢印は増加を,右下向きの矢印は減少を意味する.

問 4.18 関数 $f(x) = -x^2 + 4x$ が増加する区間を求めよ.

$f(x)$ が 3 次関数なら $f'(x)$ は 2 次なので,不等式 $f'(x) < 0$ などは 2 次不等式になる.ここでその解を復習しておこう.

> $a < b$ のとき,
> $$(x-a)(x-b) < 0 \iff a < x < b$$
> $$(x-a)(x-b) > 0 \iff x < a \text{ または } x > b$$

上で "$\iff$" は同値であることを意味する.

例題 4.18 関数 $f(x) = x^3 - 3x$ が減少する区間を求めよ.

解答 $f'(x) < 0$ を満たす区間を求める.$f'(x) = 3x^2 - 3 = 3(x+1)(x-1)$ より,$f'(x) = 0$ を満たすのは $x = \pm 1$ である.さらに上の注意から $f'(x) = 3(x+1)(x-1) < 0$ を解くと,$-1 < x < 1$,つまり区間 $(-1, 1)$ である.定理 4.8 より,$f(x)$ が減少する区間は $[-1, 1]$ である.この関数の増減表は以下のようになる.

x	$\cdots$	-1	$\cdots$	1	$\cdots$
f'	$+$	0	$-$	0	$+$
f	↗	2	↘	-2	↗

問 4.19 関数 $f(x) = -x^3 + 3x^2$ が増加する区間を求めよ.

◇ 極大・極小

関数 $f(x)$ が $x=a$ の近くで常に $f(x) > f(a)$ $(x \neq a)$ を満たすとき，$f(x)$ は $x=a$ で**極小**であるといい，$f(a)$ を**極小値**という．同様に，$x=a$ の近くで常に $f(x) < f(a)$ $(x \neq a)$ を満たすとき，$f(x)$ は $x=a$ で**極大**であるといい，$f(a)$ を**極大値**という (図 4.4 参照).

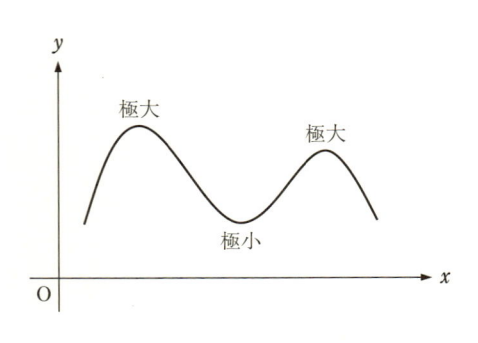

図 4.4 極値

たとえば，例題 4.17 において $f(x) = x^2 - 2x$ は $x=1$ で極小値 -1 をとる．極小値と極大値を合わせて**極値**という．

定理 4.9

微分可能な関数 $f(x)$ が $x=c$ で極値をとれば，$f'(c)=0$ が成り立つ．

証明 $f(x)$ が $x=c$ で極値をとれば，$x=c$ の近くで考えると $f(x)$ は $x=c$ で最大値か最小値をとる．$f(x)$ は微分可能だから $x=c$ で接線が存在するが，それは x 軸に平行だから $f'(c)=0$ でなくてはならない． ∎

しかし，$f'(c)=0$ であっても $x=c$ で極値をとるとは限らないので注意しよう．

例題 4.19 $f'(0)=0$ だが $f(x)$ が $x=0$ で極値をとらない関数の例を挙げよ．

解答 $f(x)=x^3$ は $x \neq 0$ で $f'(x)=3x^2 > 0$ より常に増加するので極値はとらないが，$f'(0)=0$ を満たす． ∎

関数の極値を求めるには増減表を書いて関数の増減を調べればよい．$f'(x)=0$ を満たす点 x でのみ増減が変わることに注意する．

例題 4.20 関数 $f(x) = -x^3 + 3x + 1$ の増減を調べ，極値を求めよ．

解答 $f'(x) = -3x^2 + 3 = -3(x+1)(x-1)$ より，$f'(x) = 0$ を満たすのは $x = \pm 1$ である．さらに，$x < -1$ あるいは $x > 1$ では $f'(x) < 0$ なので減少し，$-1 < x < 1$ では $f'(x) > 0$ より増加する．したがって，$x = -1$ で極小値 $f(-1) = -1$ を，$x = 1$ で極大値 $f(1) = 3$ をとる．

x	$\cdots$	-1	$\cdots$	1	$\cdots$
f'	$-$	0	$+$	0	$-$
f	↘	極小	↗	極大	↘

問 4.20 $f(x) = -x^3 - x^2 + x$ の極値を求めよ．

例題 4.21 関数 $f(x) = xe^x$ の増減を調べ，極値を求めよ．

解答 積の微分公式より $f'(x) = (xe^x)' = (x)'e^x + x(e^x)' = e^x + xe^x = (x+1)e^x$ となる．常に $e^x > 0$ なので，$f'(x) = 0$ を満たすのは $x = -1$ だけである．また $x < -1$ では $f'(x) < 0$ なので減少し，$x > -1$ では $f'(x) > 0$ より増加する．したがって，$x = -1$ で極小値 $f(-1) = -e^{-1} = -\dfrac{1}{e}$ をとる．

x	$\cdots$	-1	$\cdots$
f'	$-$	0	$+$
f	↘	極小	↗

問 4.21 $f(x) = xe^{2x}$ の極値を求めよ．

◇ 関数のグラフの凹凸

2回微分可能な関数 $f(x)$ を考える．定理 4.8 から $f''(x) > 0$ を満たす区間では $f'(x)$ が増加する．$f'(x)$ は $y = f(x)$ のグラフ上の点 (x, y) での接線の傾きを表すので，$f''(x) > 0$ を満たす区間では接線の傾きが増加する．このとき，$y = f(x)$ のグラフは**下に凸**であるという．その意味は，次の図 4.5 からわ

かるだろう．同様に $f''(x) < 0$ を満たす区間では，接線の傾き $f'(x)$ が減少するので $y = f(x)$ のグラフは**上に凸**になるという．$f''(x)$ の符号が変わる点を**変曲点**という．変曲点ではグラフの凹凸が変わる．

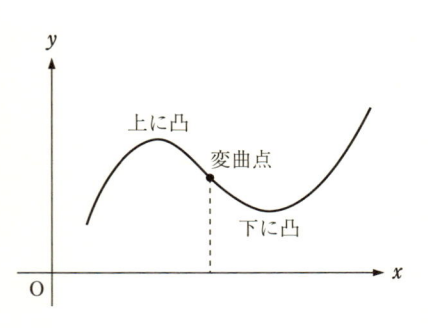

図 4.5 凹凸と変曲点

例題 4.22 関数 $f(x) = -x^3 + 3cx$ の増減，凹凸を調べ，変曲点を求めよ．またグラフをかけ．ただし，c は定数とする．

解答 $f'(x) = -3x^2 + 3c$, $f''(x) = -6x$ だから，$x \leqq 0$ で下に凸，$x \geqq 0$ で上に凸で，変曲点は $x = 0$ であることがわかる．増減は定数 c による．$c \leqq 0$ ならば常に $f'(x) \leqq 0$ なので，$f(x)$ は減少関数．$c > 0$ ならば $f'(x) = -3(x - \sqrt{c})(x + \sqrt{c})$ なので，$f(x)$ は $[-\sqrt{c}, \sqrt{c}]$ で増加し，$|x| \geqq \sqrt{c}$ で減少する．増減表とグラフは次のようになる．変曲点は $(0,0)$ である．

x	$\cdots$	$-\sqrt{c}$	$\cdots$	0	$\cdots$	$\sqrt{c}$	$\cdots$
f'	$-$	0	$+$	$+$	$+$	0	$-$
f''	$+$	$+$	$+$	0	$-$	$-$	$-$
f	↘	極小	↗	変曲点	↗	極大	↘

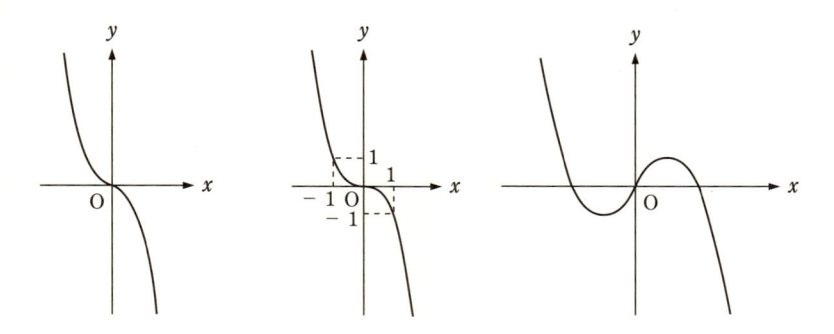

図 4.6 $y = -x^3 + 3cx$ のグラフ，左：$c < 0$, 中：$c = 0$, 右：$c > 0$

増減表は $f'(x) = 0$ となる点と $f''(x) = 0$ となる点とで区切られる区間についてかくようにしよう．

問 4.22 $f(x) = x^3 - 3x^2$ の増減，凹凸を調べ，変曲点を求めよ．

例題 4.23 $f(x) = \dfrac{1}{1+x^2}$ の増減，凹凸を調べ，変曲点を求めよ．

解答 商の微分公式より，
$$f'(x) = -\frac{2x}{(1+x^2)^2}$$
$$f''(x) = -\frac{2(1+x^2)^2 - 2x \cdot 2(1+x^2)2x}{(1+x^2)^4} = -\frac{2(1-3x^2)}{(1+x^2)^3}$$
$$= \frac{2(\sqrt{3}x-1)(\sqrt{3}x+1)}{(1+x^2)^3}$$

となる．増減表は次のようになるので，変曲点は $\left(\pm\dfrac{1}{\sqrt{3}}, \dfrac{3}{4}\right)$ である．

x	$\cdots$	$-\dfrac{1}{\sqrt{3}}$	$\cdots$	0	$\cdots$	$\dfrac{1}{\sqrt{3}}$	$\cdots$
f'	$+$	$+$	$+$	0	$-$	$-$	$-$
f''	$+$	0	$-$	$-$	$-$	0	$+$
f	↗	変曲点	↗	極大	↘	変曲点	↘

問 4.23 $f(x) = \log(1+x^2)$ の増減，凹凸を調べ，変曲点を求めよ．

これまでの例題から推定できるように，2階微分の符号は極大極小の判定に用いることができる．

定理 4.10

$f(x)$ が $[a,b]$ で連続で，区間内の点 $x=c$ で $f'(c)=0$ であるとする．このとき，

$f''(c) > 0$ ならば $f(x)$ は $x=c$ で極小となる．

$f''(c) < 0$ ならば $f(x)$ は $x=c$ で極大となる．

証明は省略する．

節末問題

14. 次の関数の極値を求めよ．

(1) $f(x) = x^3 - 3x$ (2) $f(x) = \dfrac{x^2}{1+x^2}$ (3) $f(x) = x^2 e^x$

15. 次の関数の増減，凹凸を調べ，変曲点を求めよ．

(1) $f(x) = x^3 + x^2$ (2) $f(x) = xe^{-x}$ (3) $f(x) = e^{-x^2}$

(4) $f(x) = \dfrac{e^x}{1+e^x}$

問と節末問題の解答

問 4.18 $(-\infty, 2]$

問 4.19 $[0, 2]$

問 4.20 $x = -1$ で極小値 -1, $x = \dfrac{1}{3}$ で極大値 $\dfrac{5}{27}$

問 4.21 $x = -\dfrac{1}{2}$ で極小値 $-\dfrac{1}{2e}$

問 4.22

x	$\cdots$	0	$\cdots$	1	$\cdots$	2	$\cdots$
f'	$+$	0	$-$	$-$	$-$	0	$+$
f''	$-$	$-$	$-$	0	$+$	$+$	$+$
f	↗	極大	↘	変曲点	↘	極小	↗

$x < 1$ で上に凸, $x > 1$ で下に凸, 変曲点は $(1, -2)$

問 4.23

x	$\cdots$	-1	$\cdots$	0	$\cdots$	1	$\cdots$
f'	$-$	$-$	$-$	0	$+$	$+$	$+$
f''	$-$	0	$+$	$+$	$+$	0	$-$
f	↘	変曲点	↘	極小	↗	変曲点	↗

$x < -1$, $x > 1$ で上に凸, $-1 < x < 1$ で下に凸, 変曲点は $(\pm 1, \log 2)$

14.

(1) $x = -1$ で極大値 2, $x = 1$ で極小値 -2

(2) $x = 0$ で極小値 0

(3) $x = -2$ で極大値 $4/e^2$, $x = 0$ で極小値 0

15. (1)

x	$\cdots$	$-\dfrac{2}{3}$	$\cdots$	$-\dfrac{1}{3}$	$\cdots$	0	$\cdots$
f'	$+$	0	$-$	$-$	$-$	0	$+$
f''	$-$	$-$	$-$	0	$+$	$+$	$+$
f	↗	極大	↘	変曲点	↘	極小	↗

$x < -\dfrac{1}{3}$ で上に凸, $x > -\dfrac{1}{3}$ で下に凸, 変曲点は $\left(-\dfrac{1}{3}, \dfrac{2}{27}\right)$

(2)

x	$\cdots$	1	$\cdots$	2	$\cdots$
f'	$+$	0	$-$	$-$	$-$
f''	$-$	$-$	$-$	0	$+$
f	↗	極大	↘	変曲点	↘

$x < 2$ で上に凸, $x > 2$ で下に凸, 変曲点は $\left(2, \dfrac{2}{e^2}\right)$

(3)

x	$\cdots$	$\dfrac{1}{\sqrt{2}}$	$\cdots$	0	$\cdots$	$\dfrac{1}{\sqrt{2}}$	$\cdots$
f'	$+$	$+$	$+$	0	$-$	$-$	$-$
f''	$+$	0	$-$	$-$	$-$	0	$+$
f	↗	変曲点	↗	極大	↘	変曲点	↘

$x < -\dfrac{1}{\sqrt{2}},\ x > \dfrac{1}{\sqrt{2}}$ で下に凸,$-\dfrac{1}{\sqrt{2}} < x < \dfrac{1}{\sqrt{2}}$ で上に凸,変曲点は $\left(\pm\dfrac{1}{\sqrt{2}},\dfrac{1}{\sqrt{e}}\right)$

(4) $x < 0$ で下に凸,$x > 0$ で上に凸,変曲点は $\left(0,\dfrac{1}{2}\right)$

◇ 発展:実在気体の状態方程式と臨界状態 ◇

実在気体に対する Van der Waals の状態方程式
$$\left(p + \dfrac{a}{V^2}\right)(V - b) = RT$$
を考えよう.ここで p は圧力,V は体積,T は絶対温度,R は気体定数である.定数 a は分子間引力に,b は分子の体積に関係する定数で Van der Waals 定数とよばれている.理想気体は $a = b = 0$ の場合である.

いま,T を定数とみなして,p を V の関数とみなすと
$$p = \dfrac{RT}{V - b} - \dfrac{a}{V^2}$$
と書ける.この関数のグラフは T の値によって異なるが,おおざっぱにいうと例題 4.22 の関数のグラフに似ている.図 4.6 と図 4.7 を比べてみるとよい.例題 4.22 での定数 c が温度 T に対応している.温度 T が高いときは p は V の減少関数になり,グラフは $c < 0$ の場合のようになる.温度がある値 T_c より低くなると,p は単調でなくなり,極値をもつようになる.この場合,1つの p の値に3個の V が対応することが生じるが,それは現実にはあり得ないことである.つまり $T < T_c$ では Van der Waals 方程式は現実の状態を表すモデ

ルとはいえなくなる．これは，気相と液相が共存するためで，この場合は自由エネルギーを考慮することにより現実のモデルが得られる．この温度 T_c を臨界温度という．臨界温度は $c = 0$ に対応する．$T < T_c$ では気相と液相が共存する状態が存在するが，この場合は $c > 0$ に相当する．この共存が始まる状態 (臨界状態) の圧力 p_c や体積 V_c を求める

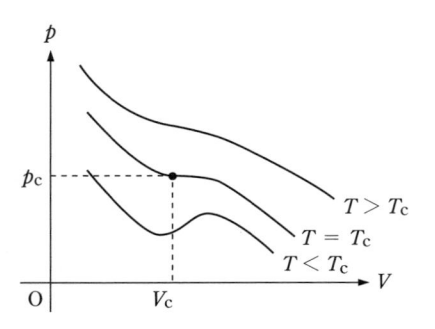

図 4.7 臨界状態

ことができる．臨界状態は例題 4.22 において $c = 0$ の場合の $y = -x^3$ のグラフの原点に対応することに注意しよう．原点では $y' = y'' = 0$ が成り立つので，臨界状態は

$$\frac{dp}{dV} = \frac{d^2p}{dV^2} = 0$$

で特徴付けられる．実際にこれらを計算してみる．

$$\frac{dp}{dV} = -\frac{RT}{(V-b)^2} + \frac{2a}{V^3}$$

$$\frac{d^2p}{dV^2} = \frac{2RT}{(V-b)^3} - \frac{6a}{V^4}$$

であり，これらが 0 になることから

$$\frac{RT}{(V-b)^2} = \frac{2a}{V^3} \tag{4.1}$$

$$\frac{2RT}{(V-b)^3} = \frac{6a}{V^4} \tag{4.2}$$

となる．(4.1) 式から $RT = \dfrac{2a(V-b)^2}{V^3}$ となる．これを (4.2) 式に代入すると

$$\frac{6a}{V^4} = \frac{2}{(V-b)^3} \cdot \frac{2a(V-b)^2}{V^3} = \frac{4a}{V^3(V-b)}$$

が得られる．これから $V_c = 3b$ がわかる．これを (4.1) 式に代入して $T_c =$

$\dfrac{8a}{27Rb}$ が，さらにこれらを p の式に代入して $p_c = \dfrac{a}{27b^2}$ と，臨界状態の状態量を Van der Waals 定数を用いて表すことができた．

定積分の計算と応用

この章では，定積分とは何か，また，すでに第3章で学んだ不定積分との関係について学ぶ．さらに，面積，体積，曲線の長さの計算法を学ぶ．

5.1 定積分の定義と性質

◇ 定積分の定義

定積分とは面積を一般化した概念である．三角形や長方形のように，線分で囲まれた図形の面積ははっきりしているが，曲線で囲まれた図形の面積はどう定義したらよいのだろうか．曲がったものはまっすぐなもので近似するというのが数学の常であった．そこで曲線で囲まれた図形は長方形の和で近似していくことにし，この近似した面積が一定の値に近づいていくとき，その図形は面積をもつということにする．

たとえば，直線 $y = f(x) = x$ と $x = 1$ と x 軸 とで囲まれる三角形の面積を計算してみよう．点 A$(1,0)$ として線分 OA の n 等分点を $A_j\left(\dfrac{j}{n}, 0\right), 0 \leq j \leq n$ とおく．$A_{j-1}A_j = \dfrac{1}{n}$ を底辺とし，高さが $f\left(\dfrac{j}{n}\right) = \dfrac{j}{n}$ の長方形の面積 $\dfrac{j}{n^2}$ の和 $\displaystyle\sum_{j=1}^{n} \dfrac{j}{n^2} = \dfrac{n(n+1)}{2n^2} = \dfrac{1}{2}\left(1 + \dfrac{1}{n}\right)$ は n を大きくして分割を細かくしていくと $\dfrac{1}{2}$ に収束する．実際，この三角形の面積は $\dfrac{1}{2}$ であるから，この場合は近似がうまくいったのである．

一般に，区間 $[a,b]$ 上の関数 $f(x)$ に対し，区間 $[a,b]$ の分割

$$\Delta : a = x_0 < x_1 < \cdots < x_n = b$$

と，その各小区間 $[x_{j-1}, x_j]$ 上の点 c_j をとる．このとき，図 5.1 のような長方形の面積の和に相当する量

$$S(f, \Delta) = \sum_{j=1}^{n} f(c_j)(x_j - x_{j-1})$$

が，分割する区間の数を増やし，分割の幅を限りなく 0 近づけたとき，分割の

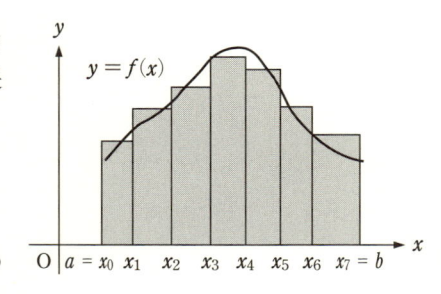

図 5.1 長方形の和で近似する $(n=7)$

仕方や c_j のとり方によらず一定の値に近づくとき，$f(x)$ は $[a,b]$ 上**積分可能**であるという．その極限値を $f(x)$ の $[a,b]$ 上の**定積分**といい，$\int_a^b f(x)\,dx$ と書く．この記号は，極限操作を前提として $\sum_j$ を $\int$ に，$\Delta x_j = x_j - x_{j-1}$ を dx に対応させたものである．dx は一般に x の微小区間の幅を表していることがわかる．この対応がわかると，不定積分のところで学んだ置換積分の意味が明確になる．

$f(x)$ が連続で $f(x) > 0$ ならば，これが曲線 $y = f(x)$ と直線 $x = a, x = b$ と x 軸で囲まれる図形の面積を表す．$f(x) < 0$ の場合は，定積分 $\int_a^b f(x)\,dx$ は負になる．この場合は，$-\int_a^b f(x)\,dx$ が，曲線 $y = f(x)$ と直線 $x = a, x = b$ と x 軸で囲まれる図形の面積を表す．この意味で，定積分は**符号付きの面積**を表しているのである．

例題 5.1 k を定数として，上の方法で $\int_a^b k\,dx$ を求めよ．

解答 区間 $[a,b]$ の分割 $\Delta : a = x_0 < x_1 < \cdots < x_n = b$ をとる．$f(x) = k$ とおくと，c_j は何であっても $f(c_j) = k$ なので，$[x_{j-1}, x_j]$ のどの点でもよい．和は

$$S(f, \Delta) = \sum_{j=1}^n f(c_j)(x_j - x_{j-1}) = k \sum_{j=1}^n (x_j - x_{j-1})$$

$$= k\{(x_1 - x_0) + (x_2 - x_1) + (x_3 - x_2) + \cdots + (x_n - x_{n-1})\}$$

$$= k(x_n - x_0) = k(b - a)$$

と，$[a,b]$ の分割によらず一定なので，分割の幅を 0 に近づけた極限も $k(b-a)$ となる．したがって

$$\int_a^b k\,dx = \lim S(f, \Delta) = k(b - a).$$

問 5.1 上の方法で $[a,b]$ を n 等分することにより，$f(x) = x$ の $[a,b]$ での和 $S(f, \Delta)$ の極限を求めよ．

$f(x) = x$ は連続だから，以下に述べる定理 5.1 より，上の問で求めた和の極限が定積分 $\displaystyle\int_a^b x\,dx$ に一致することがわかる．

端点が一致するとき，つまり $b = a$ のとき，定積分は

$$\int_a^a f(x)\,dx = 0 \tag{5.1}$$

と定義する．また，$b < a$ のときは $x_j - x_{j-1} < 0$ となるので，

$$\int_a^b f(x)\,dx = -\int_b^a f(x)\,dx \tag{5.2}$$

と定義する．

◇ 定積分の性質

さて，定義から定積分が (符号付きの) 面積を表すことがわかったが，例題からもわかるように，これを直接計算するのは容易ではない．次の節で，原始関数を使って定積分を簡単に計算する方法を説明する．その準備として，以下に定積分の性質を列挙する．次の定理はよく知られている．

定理 5.1

$f(x)$ が $[a, b]$ で連続ならば積分可能である．

応用で現れるほとんどの関数は連続なので，積分可能と思ってよい．次の公式は定義から容易に示される．

> **公式 5.1**
>
> 区間 $[a,b]$ で関数 $f(x)$ と $g(x)$ が積分可能ならば次が成り立つ．
>
> (1) $\displaystyle\int_a^b (f(x) \pm g(x))\,dx = \int_a^b f(x)\,dx \pm \int_a^b g(x)\,dx$ 　（複号同順）
>
> (2) $\displaystyle\int_a^b kf(x)\,dx = k\int_a^b f(x)\,dx$ 　（k は定数）
>
> (3) $\displaystyle\int_a^c f(x)\,dx + \int_c^b f(x)\,dx = \int_a^b f(x)\,dx$ 　（$a < c < b$）

次の公式は，積分の計算の誤りを発見するのに便利である．

> **公式 5.2**
>
> 区間 $[a,b]$ で関数 $f(x)$ と $g(x)$ が積分可能とすると，次が成り立つ．
>
> $f(x) \geqq g(x)$　ならば　$\displaystyle\int_a^b f(x)\,dx \geqq \int_a^b g(x)\,dx$
>
> 特に　$f(x) \geqq 0$　ならば　$\displaystyle\int_a^b f(x)\,dx \geqq 0$

たとえば，$f(x) \geqq 0$ であるにもかかわらず $\displaystyle\int_a^b f(x)\,dx < 0$ となったら計算間違いしていることになるのである．

公式 5.1 の 3 で $\displaystyle\int_a^c f(x)\,dx$ を右辺に移項することにより，次を得る．

$$\int_a^b f(x)\,dx - \int_a^c f(x)\,dx = \int_c^b f(x)\,dx \quad (a < c < b) \tag{5.3}$$

この式は次節で用いる．

◇ 発展：積分の平均値の定理 ◇

定理 5.2

$f(x)$ が $[a,b]$ で連続ならば，次を満たす c が存在する．
$$\int_a^b f(x)\,dx = f(c)(b-a) \quad (a < c < b)$$

解説　たとえば次の図 5.2 の例を考えよう．この図では $a \leqq x \leqq b$ 上 $f(a) \leqq f(x) \leqq f(b)$ だから，大小の長方形の面積と比較して

$$f(a)(b-a) \leqq \int_a^b f(x)\,dx \leqq f(b)(b-a)$$

が成り立つ．したがって，定理を満たすような c が存在することは容易にわかる．

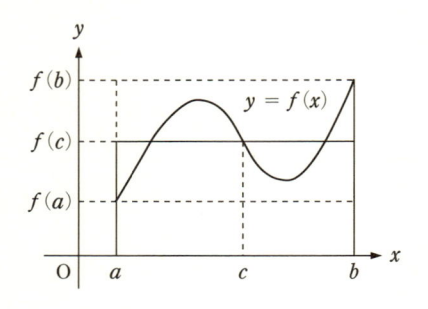

図 5.2　積分の平均値定理

問の解答

問 5.1　$\dfrac{b^2 - a^2}{2}$

5.2 微分積分学の基本定理

◇ 微分積分学の基本定理

さて，定積分 $\int_a^b f(x)\,dx$ は x によらない定数なので，**積分変数** x を別の文字に変えてもその値は変わらない．つまり，$[a,b]$ で積分可能な関数 $f(x)$ に対し

$$\int_a^b f(x)\,dx = \int_a^b f(t)\,dt$$

が成り立つ．いままでは a,b を定数としてきたが，b を変化させて考えたいので b を x に置き換えて (そのかわり，積分変数 x を t に置き換えて) x の関数 $G(x) = \int_a^x f(t)\,dt$ を考える．

定理 5.3　微分積分学の基本定理

$f(x)$ が $[a,b]$ で連続ならば $G(x) = \int_a^x f(t)\,dt$ は (a,b) で微分可能で $G'(x) = f(x)$ が成り立つ．つまり $G(x)$ は $f(x)$ の原始関数である．

証明　定義から $G(x)$ の導関数を計算する．式 (5.3) で $b = x + h$, $c = x$ とおくと

$$\frac{G(x+h) - G(x)}{h} = \frac{1}{h}\left(\int_a^{x+h} f(t)\,dt - \int_a^x f(t)\,dt\right) = \frac{1}{h}\int_x^{x+h} f(t)\,dt$$

となる．積分の平均値の定理 5.2 より，これが $f(c)$ と等しくなるような c が x と $x+h$ の間にあることがわかる．$h \to 0$ のとき，はさみうちの原理より $c \to x$ となるので，

$$\lim_{h \to 0} \frac{G(x+h) - G(x)}{h} = \lim_{h \to 0} f(c) = f(x)$$

が成り立つ．したがって，$G'(x) = f(x)$ が得られる．

さて，$F(x)$ を $f(x)$ の原始関数とすると

$$\left(F(x) - \int_a^x f(t)\,dt\right)' = F'(x) - f(x) = 0$$

より $F(x) - \int_a^x f(t)\,dt = C$ は定数でなくてはならない．ここで $x = a$ とおくと，式 (5.1) より $\int_a^a f(t)\,dt = 0$ であるので，$F(a) = C$ となる．したがって，$\int_a^x f(t)\,dt = F(x) - F(a)$ が成り立つ．これを $[F(t)]_a^x$ と書く．この式で $x = b$ とおけば，次の定理が得られる．

定理 5.4

$f(x)$ が $[a,b]$ で連続とし，$F(x)$ を $f(x)$ の原始関数とすると次が成り立つ．
$$\int_a^b f(x)\,dx = [F(x)]_a^b = F(b) - F(a)$$

つまり，定積分は原始関数から計算できるのである．

◇ 基本的な関数の定積分

例題 5.2 次の定積分を求めよ．

(1) $\int_0^1 (x^2 - 2x + 2)\,dx$ (2) $\int_1^2 \dfrac{1}{x^2}\,dx$ (3) $\int_0^1 \sqrt{x}\,dx$

解答 原始関数を求めて定理 5.4 を用いる．

(1) $\int_0^1 (x^2 - 2x + 2)\,dx = \left[\dfrac{x^3}{3} - x^2 + 2x\right]_0^1 = \dfrac{1}{3} - 1 + 2 = \dfrac{4}{3}$

(2) $\int_1^2 \dfrac{1}{x^2}\,dx = \int_1^2 x^{-2}\,dx = \left[-\dfrac{1}{x}\right]_1^2 = -\dfrac{1}{2} + 1 = \dfrac{1}{2}$

(3) $\int_0^1 \sqrt{x}\,dx = \int_0^1 x^{\frac{1}{2}}\,dx = \left[\dfrac{x^{\frac{1}{2}+1}}{\frac{1}{2}+1}\right]_0^1 = \left[\dfrac{2}{3} x^{\frac{3}{2}}\right]_0^1 = \dfrac{2}{3}$

問 5.2 次の定積分を求めよ．

(1) $\displaystyle\int_0^1 (x^3 - x)\,dx$ (2) $\displaystyle\int_1^2 \frac{1}{x^3}\,dx$ (3) $\displaystyle\int_1^2 \frac{1}{\sqrt{x}}\,dx$

例題 5.3 次の定積分を求めよ．

(1) $\displaystyle\int_0^1 e^x\,dx$ (2) $\displaystyle\int_1^2 \frac{1}{x}\,dx$ (3) $\displaystyle\int_0^{\frac{\pi}{2}} \sin x\,dx$

解答 原始関数を求めて定理 5.4 を用いる．

(1) $\displaystyle\int_0^1 e^x\,dx = [e^x]_0^1 = e^1 - e^0 = e - 1$

(2) $\displaystyle\int_1^2 \frac{1}{x}\,dx = [\log |x|]_1^2 = \log 2 - \log 1 = \log 2$

(3) $\displaystyle\int_0^{\frac{\pi}{2}} \sin x\,dx = [-\cos x]_0^{\frac{\pi}{2}} = -\cos\frac{\pi}{2} + \cos 0 = 1.$

問 5.3 次の定積分を求めよ．

(1) $\displaystyle\int_1^2 \left(e^x - \frac{2}{x}\right) dx$ (2) $\displaystyle\int_0^{\frac{\pi}{4}} \cos x\,dx$ (3) $\displaystyle\int_0^1 \frac{1}{1+x^2}\,dx$

節末問題

1. 次の定積分を求めよ．

(1) $\displaystyle\int_0^1 (x^2 - x + 2)\,dx$ (2) $\displaystyle\int_0^1 \sqrt{x+2}\,dx$ (3) $\displaystyle\int_1^2 \left(\frac{1}{x} + \frac{2}{x^2}\right) dx$

(4) $\displaystyle\int_0^1 (2e^x - 2x + 1)\,dx$ (5) $\displaystyle\int_0^{\frac{\pi}{2}} (2\sin x - \cos x)\,dx$

問と節末問題の解答

問 5.2　(1) $-\dfrac{1}{4}$　(2) $\dfrac{3}{8}$　(3) $2\sqrt{2} - 2$

問 5.3　(1) $e^2 - e - 2\log 2$　(2) $\dfrac{1}{\sqrt{2}}$　(3) $\dfrac{\pi}{4}$

1.　(1) $\dfrac{11}{6}$　(2) $\dfrac{2}{3}(3\sqrt{3} - 2\sqrt{2})$　(3) $\log 2 + 1$　(4) $2e - 2$　(5) 1

5.3 定積分の計算

◇ 導関数の定積分

連続関数は積分可能で，それは原始関数の導関数となっていることを学んだ．また，導関数が連続でなくても，積分可能なときは以下の定理が成り立つ．また，後に述べる置換積分と部分積分の基礎として次の事柄が成立する．

定理 5.5

$\varphi(x)$ が $[a, b]$ を含む範囲で定義され，導関数 $\varphi'(x)$ が $[a, b]$ で積分可能なとき，

$$\int_a^b \varphi'(x)dx = \varphi(b) - \varphi(a)$$

が成り立つ．

証明は付録を参照のこと．

◇ 置換積分

積分は微分の逆演算であったが，合成関数の微分公式に相当するのが置換積分である．

公式 5.3

$\varphi(x)$ が $[a, b]$ を含む範囲で定義され，導関数 $\varphi'(x)$ が $[a, b]$ で積分可能ならば，$\varphi(x)$ が $x = a$ から $x = b$ まで動く範囲で積分可能な関数 $f(t)$ に対して

$$\int_a^b f(\varphi(x))\varphi'(x)\, dx = \int_\alpha^\beta f(t)\, dt$$

が成り立つ．ただし，$\alpha = \varphi(a),\ \beta = \varphi(b)$ である．

証明は付録を参照のこと．

ここで，左辺から右辺への変換の仕方は，$\varphi(x)$ を t に，$\varphi'(x)\, dx = \dfrac{dt}{dx}dx$ を dt に置き換えればよい．積分の定義にもどって考えると，x の分割の区間

の幅 Δx と対応する t の区間の幅 Δt との間に $\Delta t \approx \varphi'(x)\,\Delta x$ という関係がある．すなわち変換 $t = \varphi(x)$ により xy 平面の微小長方形の横の長さが ty 平面では $\varphi'(x)$ 倍されることを意味している．次の図 5.3 を見よ．

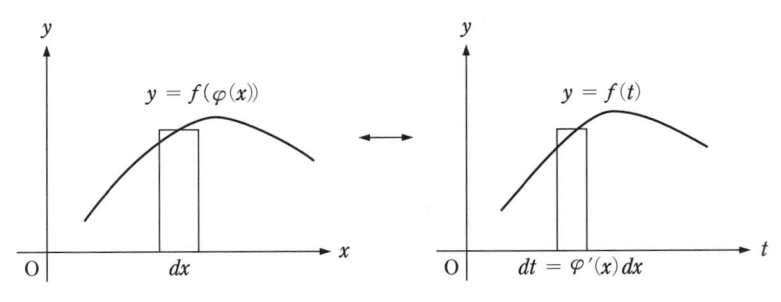

図 5.3 置換積分

積分の端点は次のように変わる．

x	a	$\longrightarrow$	b
t	$\alpha = \varphi(a)$	$\longrightarrow$	$\beta = \varphi(b)$

例題 5.4 公式 $\sin\left(\dfrac{\pi}{2} - x\right) = \cos x$ を用いて $\displaystyle\int_0^{\frac{\pi}{2}} \cos^n x\,dx = \int_0^{\frac{\pi}{2}} \sin^n x\,dx$ を示せ．ただし n は自然数とする．

解答 $t = \dfrac{\pi}{2} - x$ とおくと $dt = \dfrac{dt}{dx}\,dx = -dx$ より $dx = -dt$ で，積分区間は次表のように変わる．

x	0	$\longrightarrow$	$\dfrac{\pi}{2}$
t	$\dfrac{\pi}{2}$	$\longrightarrow$	0

したがって，式 (5.2) を使うことにより，次を得る．

$$\int_0^{\frac{\pi}{2}} \cos^n x\,dx = \int_0^{\frac{\pi}{2}} \sin^n\left(\frac{\pi}{2} - x\right) dx = \int_{\frac{\pi}{2}}^0 \sin^n t\,(-dt)$$
$$= \int_0^{\frac{\pi}{2}} \sin^n t\,dt = \int_0^{\frac{\pi}{2}} \sin^n x\,dx.$$

実際に置換積分するときには，どのように $t = \varphi(x)$ をとるかがポイントになる．うまくとらないと簡単にならず，計算できない．積分する関数の合成関数としての構造を見ぬくことが大切である．問題を解いていくうちに自然にわかるようになるので，できるだけ多く問題を解くのがよい．

例題 5.5 次の定積分を求めよ．

(1) $\displaystyle\int_0^1 (2x-1)^3\,dx$ (2) $\displaystyle\int_0^1 e^{3x}\,dx$ (3) $\displaystyle\int_0^{\frac{\pi}{4}} \cos^2 x\,dx$

解答 (1) $t = 2x - 1$ とおくと $dt = 2\,dx$ より $dx = \dfrac{1}{2}\,dt$.

$$\int_0^1 (2x-1)^3\,dx = \frac{1}{2}\int_{-1}^1 t^3\,dt = \frac{1}{2}\left[\frac{t^4}{4}\right]_{-1}^1 = \frac{1^4 - (-1)^4}{8} = 0.$$

(2) $t = 3x$ とおくと $dt = 3\,dx$ より $dx = \dfrac{1}{3}\,dt$.

$$\int_0^1 e^{3x}\,dx = \frac{1}{3}\int_0^3 e^t\,dt = \frac{1}{3}\left[e^t\right]_0^3 = \frac{e^3 - 1}{3}$$

(3) 倍角の公式より $\cos^2 x = \dfrac{1 + \cos 2x}{2}$ である．$t = 2x$ とおくと $dt = 2\,dx$ より $dx = \dfrac{1}{2}\,dt$.

$$\int_0^{\frac{\pi}{4}} \cos^2 x\,dx = \frac{1}{2}\int_0^{\frac{\pi}{4}} (1 + \cos 2x)\,dx = \frac{1}{4}\int_0^{\frac{\pi}{2}} (1 + \cos t)\,dt$$
$$= \frac{1}{4}\left[t + \sin t\right]_0^{\frac{\pi}{2}} = \frac{1}{4}\left(\frac{\pi}{2} + 1\right)$$

問 5.4 次の定積分を求めよ．

(1) $\displaystyle\int_0^1 \frac{1}{\sqrt{2x+1}}\,dx$ (2) $\displaystyle\int_0^1 e^{-3x+2}\,dx$ (3) $\displaystyle\int_0^{\frac{\pi}{6}} \sin 3x\,dx$

例題 5.6 次の定積分を求めよ．

(1) $\displaystyle\int_0^1 x\sqrt{x^2+1}\,dx$ (2) $\displaystyle\int_0^1 \frac{x^2}{x^3+1}\,dx$ (3) $\displaystyle\int_0^{\frac{\pi}{2}} \sin^3 x \cos x\,dx$

解答 (1) $t = x^2 + 1$ とおくと $dt = 2x\,dx$ より $x\,dx = \dfrac{1}{2}\,dt$.

第 5 章 定積分の計算と応用

$$\int_0^1 x\sqrt{x^2+1}\,dx = \frac{1}{2}\int_1^2 \sqrt{t}\,dt = \frac{1}{2}\left[\frac{2}{3}t^{\frac{3}{2}}\right]_1^2 = \frac{2\sqrt{2}-1}{3}$$

(2) $t = x^3 + 1$ とおくと $dt = 3x^2\,dx$ より $x^2\,dx = \dfrac{1}{3}dt$.

$$\int_0^1 \frac{x^2}{x^3+1}\,dx = \frac{1}{3}\int_1^2 \frac{1}{t}\,dt = \frac{1}{3}\left[\log|t|\right]_1^2 = \frac{1}{3}\log 2$$

(3) $t = \sin x$ とおくと $dt = \cos x\,dx$.

$$\int_0^{\frac{\pi}{2}} \sin^3 x \cos x\,dx = \int_0^1 t^3\,dt = \left[\frac{t^4}{4}\right]_0^1 = \frac{1}{4}$$

問 5.5 次の定積分を求めよ.

(1) $\displaystyle\int_0^1 xe^{-x^2}\,dx$ (2) $\displaystyle\int_0^{\frac{\pi}{4}} \frac{\sin x}{\cos x}\,dx$ (3) $\displaystyle\int_0^1 \frac{e^x}{1+e^x}\,dx$

定積分を計算する際に $x = x(t)$ と変換する必要があることもある. この場合も $dx = \dfrac{dx}{dt}dt$ と変換すればよい.

公式 5.4
$$\int_{x(a)}^{x(b)} f(x)\,dx = \int_a^b f(x(t))\frac{dx}{dt}\,dt = \int_a^b f(x(t))x'(t)\,dt$$

例題 5.7 $\displaystyle\int_0^{\frac{1}{2}} \frac{1}{\sqrt{1-x^2}}\,dx$ を求めよ.

解答 不定積分の公式を使えば簡単であるが, ここでは置換積分を用いて解いてみよう. $x = \sin t$ とおくと $dx = x'(t)\,dt = \cos t\,dt$ で $0 \leqq x \leqq \dfrac{1}{2}$ は $0 \leqq t \leqq \dfrac{\pi}{6}$ に対応する. また $\sqrt{1-x^2} = \cos t$ に注意すると,

$$\int_0^{\frac{1}{2}} \frac{1}{\sqrt{1-x^2}}\,dx = \int_0^{\frac{\pi}{6}} \frac{1}{\cos t}\cos t\,dt = \int_0^{\frac{\pi}{6}} 1\,dt = [t]_0^{\frac{\pi}{6}} = \frac{\pi}{6}.$$

問 5.6 $\displaystyle\int_0^1 \frac{1}{1+x^2}\,dx$ を求めよ (ヒント: $x = \tan t$ とおけ).

◇ 部分積分

積の微分公式に相当するものが部分積分法であった．一般に関数の積の積分を求めるのは面倒であるが，部分積分法はそのひとつの解法である．

公式 5.5

$$\int_a^b f(x)g'(x)\,dx = \bigl[f(x)g(x)\bigr]_a^b - \int_a^b f'(x)g(x)\,dx$$

ただし，$f'(x), g'(x)$ は積分可能とする．証明は付録を参照のこと．この公式も，実際には $f(x)$ と $g'(x)$ をうまくとって，右辺の定積分が簡単になるようにする必要がある．とり方を間違うとよけいに複雑になるので気をつけよう．

例題 5.8 定積分 $\displaystyle\int_0^1 xe^x\,dx$ を求めよ．

解答 $(x)' = 1$ となることに注意しよう．$f(x) = x$, $g'(x) = e^x$ とおくと $f'(x) = 1$, $g(x) = e^x$ となって，公式 5.5 の右辺の定積分が簡単になる．

$$\int_0^1 xe^x\,dx = [xe^x]_0^1 - \int_0^1 1\cdot e^x\,dx = e - [e^x]_0^1 = e - (e-1) = 1.$$

問 5.7 定積分 $\displaystyle\int_0^1 xe^{2x}\,dx$ を求めよ．

例題 5.9 次の定積分を求めよ．

(1) $\displaystyle\int_1^2 \log x\,dx$　　(2) $\displaystyle\int_0^1 \log(2x+1)\,dx$

解答 (1) 積の形になっていないが，$\log x = 1\cdot\log x$ と思って，定理 5.5 を用いる．そこで $g'(x) = 1$, $f(x) = \log x$ とおくと $g(x) = x$, $f'(x) = \dfrac{1}{x}$．

$$\int_1^2 \log x\,dx = [x\log x]_1^2 - \int_1^2 x\cdot\frac{1}{x}\,dx = 2\log 2 - \int_1^2 1\cdot dx = 2\log 2 - 1.$$

(2) 同様に $g'(x) = 1$, $f(x) = \log(2x+1)$ とおくと $g(x) = x$, $f'(x) = \dfrac{2}{2x+1}$ より

$$\int_0^1 \log(2x+1)\,dx = [x\log(2x+1)]_0^1 - \int_0^1 \frac{2x}{2x+1}\,dx$$

$$= \log 3 - \int_0^1 \left(1 - \frac{1}{2x+1}\right) dx$$
$$= \log 3 - \left[x - \frac{1}{2}\log(2x+1)\right]_0^1$$
$$= \log 3 - \left(1 - \frac{1}{2}\log 3\right) = \frac{3}{2}\log 3 - 1. \quad \blacksquare$$

対数関数は，微分は簡単だが積分は面倒なので，対数関数が出てきたら，それを $f(x)$ とおくとよい．

問 5.8 次の定積分を求めよ．
(1) $\displaystyle\int_1^2 x \log x \, dx$ (2) $\displaystyle\int_0^1 \log(3x+2) \, dx$

例題 5.10 定積分 $\displaystyle\int_0^1 \tan^{-1} x \, dx$ を求めよ（やや難）．

解答 $g'(x) = 1$, $f(x) = \tan^{-1} x$ とおくと $g(x) = x$, $f'(x) = \dfrac{1}{x^2+1}$ より
$$\int_0^1 \tan^{-1} x \, dx = \left[x \tan^{-1} x\right]_0^1 - \int_0^1 \frac{x}{1+x^2} \, dx.$$
ここで右辺第 2 項は $t = 1 + x^2$ と置換すると，
$$\int_0^1 \tan^{-1} x \, dx = \tan^{-1}(1) - \int_1^2 \frac{1}{t}\frac{1}{2} \, dt = \frac{\pi}{4} - \frac{1}{2}[\log t]_1^2 = \frac{\pi}{4} - \frac{1}{2}\log 2. \quad \blacksquare$$

問 5.9 定積分 $\displaystyle\int_0^{\frac{1}{2}} \sin^{-1} x \, dx$ を求めよ（やや難）．

◇ **発展：偶関数，奇関数の積分** ◇

偶関数や奇関数の積分はフーリエ解析などでよく使われるので，ここで触れておく．$t = -x$ と置換すると，$dt = -dx$ より
$$\int_{-a}^0 f(x) \, dx = -\int_a^0 f(-t) \, dt = \int_0^a f(-x) \, dx$$

が成り立つので，一般に次がいえる．
$$\int_{-a}^{a} f(x)\,dx = \int_{-a}^{0} f(x)\,dx + \int_{0}^{a} f(x)\,dx = \int_{0}^{a} (f(-x) + f(x))\,dx$$
いま，$f(x)$ が偶関数ならば $f(-x) = f(x)$ が成り立つので，
$$\int_{-a}^{a} f(x)\,dx = 2\int_{0}^{a} f(x)\,dx$$
であり，$f(x)$ が奇関数ならば $f(-x) = -f(x)$ が成り立つので
$$\int_{-a}^{a} f(x)\,dx = 0$$
である．

公式 5.6

$f(x)$ が偶関数ならば $\quad \displaystyle\int_{-a}^{a} f(x)\,dx = 2\int_{0}^{a} f(x)\,dx$

$f(x)$ が奇関数ならば $\quad \displaystyle\int_{-a}^{a} f(x)\,dx = 0$

例題 5.11 次の定積分を求めよ．
(1) $\displaystyle\int_{-\pi}^{\pi} x\cos x\,dx$ (2) $\displaystyle\int_{-\pi}^{\pi} x\sin x\,dx$

解答 (1) $f(x) = x\cos x$ は奇関数なので $\displaystyle\int_{-\pi}^{\pi} x\cos x\,dx = 0$ が計算するまでもなくわかる．

(2) $f(x) = x\sin x$ は偶関数なので
$$\int_{-\pi}^{\pi} x\sin x\,dx = 2\int_{0}^{\pi} x\sin x\,dx$$
であるが，この右辺は $g'(x) = \sin x,\ f(x) = x$ とおいて部分積分すると，$g(x) = -\cos x,\ f'(x) = 1$ より
$$\int_{-\pi}^{\pi} x\sin x\,dx = 2\left([-x\cos x]_{0}^{\pi} + \int_{0}^{\pi} \cos x\,dx\right)$$
$$= 2\left(-\pi\cos\pi + [\sin x]_{0}^{\pi}\right) = 2(\pi + \sin\pi - \sin 0) = 2\pi.$$

問 5.10 次の定積分を求めよ.

(1) $\displaystyle\int_{-\pi}^{\pi} x^2 \cos x \, dx$ 　　(2) $\displaystyle\int_{-\pi}^{\pi} x^2 \sin x \, dx$

節末問題

2. 次の定積分を求めよ.

(1) $\displaystyle\int_0^1 (1+x^3)^4 x^2 \, dx$ 　　(2) $\displaystyle\int_0^1 \frac{x}{\sqrt{x^2+1}} \, dx$ 　　(3) $\displaystyle\int_0^{\frac{\pi}{2}} \cos^4 x \sin x \, dx$

(4) $\displaystyle\int_0^1 \frac{1}{3x+2} \, dx$ 　　(5) $\displaystyle\int_0^1 e^{-4x} \, dx$ 　　(6) $\displaystyle\int_0^{\frac{\pi}{2}} x \sin x \, dx$

(7) $\displaystyle\int_0^1 x e^{-x} \, dx$ 　　(8) $\displaystyle\int_1^2 x^2 \log x \, dx$ 　　(9) $\displaystyle\int_0^1 \log(4x+5) \, dx$

問と節末問題の解答

問 **5.4** 　(1) $\sqrt{3}-1$ 　(2) $\dfrac{1}{3}\left(e^2 - \dfrac{1}{e}\right)$ 　(3) $\dfrac{1}{3}$

問 **5.5** 　(1) $\dfrac{1}{2} - \dfrac{1}{2e}$ 　(2) $\log\sqrt{2} = \dfrac{\log 2}{2}$ 　(3) $\log\dfrac{1+e}{2}$

問 **5.6** 　$\dfrac{\pi}{4}$

問 **5.7** 　$\dfrac{e^2+1}{4}$

問 **5.8** 　(1) $2\log 2 - \dfrac{3}{4}$ 　(2) $\dfrac{1}{3}(5\log 5 - 2\log 2) - 1$

問 **5.9** 　$\dfrac{\pi}{12} + \dfrac{\sqrt{3}}{2} - 1$

問 **5.10** 　(1) -4π 　(2) 0

2. 　(1) $\dfrac{31}{15}$ 　(2) $\sqrt{2}-1$ 　(3) $\dfrac{1}{5}$ 　(4) $\dfrac{1}{3}\log\dfrac{5}{2}$

(5) $\dfrac{1}{4}(1-e^{-4})$ 　(6) 1 　(7) $1-\dfrac{2}{e}$ 　(8) $\dfrac{8}{3}\log 2 - \dfrac{7}{9}$

(9) $\dfrac{1}{4}(18\log 3 - 5\log 5) - 1$

5.4 広義積分

これまでの定積分の定義では,和が常に収束しなくてはいけないので,関数 $f(x)$ は有限区間 $[a,b]$ 上で定義されていて,かつ $|f(x)|$ が限りなく大きな値をとらないことが暗に仮定されていた.一般に,この仮定が破れると定積分が存在しなくなる.たとえば,$f(x) = \dfrac{1}{x^2}$ は $(0,1]$ では連続だが,$x \to 0$ のとき無限大に発散するので,$f(0)$ をどのように定義しても積分可能ではない.それは,定積分を形式的に計算しようとすると

$$\int_0^1 \frac{1}{x^2}\,dx = \left[-\frac{1}{x}\right]_0^1$$

が $x=0$ を代入できないことにも現れる.

一方,$g(x) = \dfrac{1}{x^{\frac{1}{2}}}$ は,やはり $x \to 0$ のとき無限大に発散するので,これまでの定積分の定義では積分可能とはいえない.しかし,定積分を形式的に計算すると

$$\int_0^1 \frac{1}{x^{\frac{1}{2}}}\,dx = \left[2x^{\frac{1}{2}}\right]_0^1$$

は $x=0$ を代入できるので,積分できそうである.そこで,$g(x)$ も積分可能といえるように,そして積分区間が有限でない場合にも定積分の定義を拡張した広義積分という考えを導入する.

◇ **端点で発散する関数の定積分**

いま $f(x)$ は $(a,b]$ で連続だが $x \to a$ のとき無限大に発散するとしよう.$f(x)$ は $[a+\varepsilon, b]$ ($\varepsilon > 0$) では連続だから,$[a,b]$ 上の定積分を

$$\int_a^b f(x)\,dx = \lim_{\varepsilon \to +0} \int_{a+\varepsilon}^b f(x)\,dx$$

と定義してみよう.この極限が存在するときに $f(x)$ は $[a,b]$ で**広義積分可能**であるといい,この極限を $f(x)$ の**広義積分**という.上の例の $f(x)$ の場合,

$$\int_0^1 \frac{1}{x^2}dx = \lim_{\varepsilon \to +0} \int_\varepsilon^1 \frac{1}{x^2}dx = \lim_{\varepsilon \to +0}\left[-\frac{1}{x}\right]_\varepsilon^1 = \lim_{\varepsilon \to +0}\left(-1 + \frac{1}{\varepsilon}\right) = \infty$$

となる．つまり，広義積分可能ではない．しかし，上の $g(x)$ のように極限が存在する場合もある．

例題 5.12 次の広義積分は積分可能か．可能ならその値を求めよ．

(1) $\displaystyle\int_0^1 \frac{1}{\sqrt{x}}\,dx$ 　　(2) $\displaystyle\int_0^1 \frac{1}{x}\,dx$

解答　(1) $\displaystyle\int_0^1 \frac{1}{\sqrt{x}}\,dx = \lim_{\varepsilon \to +0}\int_\varepsilon^1 \frac{1}{\sqrt{x}}\,dx = \lim_{\varepsilon \to +0}\left[2\sqrt{x}\right]_\varepsilon^1$
$\qquad\qquad = \lim_{\varepsilon \to +0} 2(1 - \sqrt{\varepsilon}) = 2.$

(2) $\displaystyle\int_0^1 \frac{1}{x}\,dx = \lim_{\varepsilon \to +0}\int_\varepsilon^1 \frac{1}{x}\,dx = \lim_{\varepsilon \to +0}\left[\log x\right]_\varepsilon^1 = \lim_{\varepsilon \to +0}(-\log \varepsilon) = \infty$

となるので広義積分可能でない．

問 5.11 広義積分 $\displaystyle\int_0^1 \frac{1}{\sqrt[3]{x}}\,dx$ を計算せよ．

上の $g(x)$ のように，広義積分が存在する場合には極限操作をせずに端点の値を直接代入できることが多い．しかし，次のような場合は厳密に極限を求める必要がある．

例題 5.13 広義積分 $\displaystyle\int_0^1 \log x\,dx$ を計算せよ．

解答　$\log x$ の原始関数は $x\log x - x$ だった．一方，ロピタルの定理より

$$\lim_{x \to +0} x \log x = \lim_{x \to +0} \frac{\log x}{\frac{1}{x}} = \lim_{x \to +0} \frac{\frac{1}{x}}{\frac{-1}{x^2}} = \lim_{x \to +0}(-x) = 0$$

が成り立つので，次を得る．

$$\int_0^1 \log x\,dx = \lim_{\varepsilon \to +0}\int_\varepsilon^1 \log x\,dx = \lim_{\varepsilon \to +0}[x\log x - x]_\varepsilon^1$$
$$= \lim_{\varepsilon \to +0}(-1 - \varepsilon\log\varepsilon + \varepsilon) = -1.$$

5.4　広義積分

問 5.12 広義積分 $\displaystyle\int_0^1 x\log x\,dx$ を計算せよ．

$x \to b$ のとき無限大に発散する場合も同様に次の極限を考えればよい．

$$\int_a^b f(x)\,dx = \lim_{\varepsilon \to +0} \int_a^{b-\varepsilon} f(x)\,dx$$

問 5.13 $\displaystyle\int_0^1 \frac{1}{\sqrt{1-x}}\,dx$ を求めよ．

◇ **無限区間での広義積分**

無限区間の場合は，広義積分を次のように定義する．

$$\int_a^\infty f(x)\,dx = \lim_{R \to \infty} \int_a^R f(x)\,dx$$

$$\int_{-\infty}^b f(x)\,dx = \lim_{R \to -\infty} \int_R^b f(x)\,dx$$

$$\int_{-\infty}^\infty f(x)\,dx = \lim_{R,R' \to \infty} \int_{-R'}^R f(x)\,dx$$

実際に $(-\infty, \infty)$ での広義積分はよく現れる．

例題 5.14 広義積分 $\displaystyle\int_1^\infty \frac{1}{x^2}\,dx$ を計算せよ．

解答 $\displaystyle\int_1^\infty \frac{1}{x^2}\,dx = \lim_{R\to\infty}\int_1^R \frac{1}{x^2}\,dx = \lim_{R\to\infty}\left[-\frac{1}{x}\right]_1^R = \lim_{R\to\infty}\left(-\frac{1}{R}+1\right)$
$= 1.$

問 5.14 広義積分 $\displaystyle\int_2^\infty \frac{1}{x^4}\,dx$ を計算せよ．

例題 5.15 広義積分 $\displaystyle\int_0^\infty xe^{-x}\,dx$ を計算せよ．

解答 $g'(x) = e^{-x}$, $f(x) = x$ とおいて部分積分する. $g(x) = -e^{-x}$ より
$$\int_0^R xe^{-x}\,dx = \left[-xe^{-x}\right]_0^R + \int_0^R e^{-x}\,dx = -Re^{-R} + \left[-e^{-x}\right]_0^R = -\frac{R+1}{e^R} + 1$$
が成り立つ. ロピタルの定理より次が得られる.
$$\int_0^\infty xe^{-x}\,dx = \lim_{R\to\infty} \int_0^R xe^{-x}\,dx = \lim_{R\to\infty} \left(-\frac{R+1}{e^R} + 1\right)$$
$$= \lim_{R\to\infty} \left(-\frac{1}{e^R} + 1\right) = 1.$$

問 5.15 次の広義積分を計算せよ.
(1) $\displaystyle\int_0^\infty e^{-2x}\,dx$ (2) $\displaystyle\int_0^\infty xe^{-2x}\,dx$

◇ **発展** ◇

関数 $f(x) = e^{-x^2}$ は $(-\infty, \infty)$ で積分可能で
$$\int_{-\infty}^\infty e^{-x^2}\,dx = \sqrt{\pi}$$
となる. この積分は, 確率論・統計論で重要であるが, これを証明するには2変数関数の積分 (重積分) の知識が必要になるので,

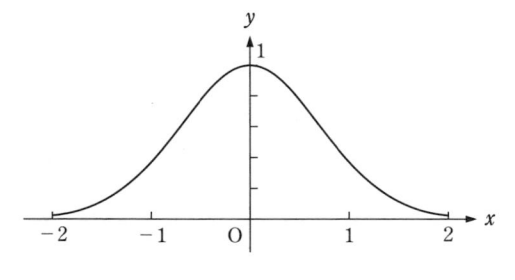

図 5.4 $y = e^{-x^2}$ のグラフ

第6章まで待たねばならない. $f(x)$ の原始関数を求めることはできないにもかかわらず, この積分が計算できるのは驚くべきことである.

この $f(x)$ は統計学における正規分布に応用される. 正規分布とは, たとえば, いろいろな人の身長や体重, あるいは試験の点数などの分布のモデルとなるもので, 予備校などが出している大学の偏差値なども, 正規分布を用いて模試の成績などから算出される. このように, 正規分布は統計学において基本的な分布である. さらに, ボルツマンらによる気体分子の統計力学においても, $f(x)$ は重要な役割を果たす. そのときに必要になるのが, 広義積分

$\int_{-\infty}^{\infty} x^2 e^{-x^2}\, dx$ である．この広義積分は部分積分を用いて計算する．つまり，$g'(x) = xe^{-x^2}, f(x) = x$ とおくと，$g(x) = -\dfrac{1}{2}e^{-x^2}, f'(x) = 1$ より，

$$\int_{-R'}^{R} x^2 e^{-x^2}\, dx = \left[-\dfrac{x}{2} e^{-x^2}\right]_{-R'}^{R} + \dfrac{1}{2}\int_{-R'}^{R} e^{-x^2}\, dx$$

$$= -\dfrac{1}{2}(Re^{-R^2} + R'e^{-R'^2}) + \dfrac{1}{2}\int_{-R'}^{R} e^{-x^2}\, dx$$

となる．ここでロピタルの定理より

$$\lim_{R\to\infty} \dfrac{R}{e^{R^2}} = \lim_{R\to\infty} \dfrac{1}{2Re^{R^2}} = 0$$

がいえる．R' の項も同様なので，

$$\int_{-\infty}^{\infty} x^2 e^{-x^2}\, dx = \dfrac{1}{2}\int_{-\infty}^{\infty} e^{-x^2}\, dx = \dfrac{\sqrt{\pi}}{2}$$

がわかる．

節末問題

3. 次の広義積分を求めよ．

(1) $\displaystyle\int_0^1 \dfrac{x}{\sqrt{1-x^2}}\, dx$ (2) $\displaystyle\int_0^\infty xe^{-x^2}\, dx$ (3) $\displaystyle\int_1^\infty \dfrac{x^2+x}{x^5}\, dx$

問と節末問題の解答

問 **5.11** $\dfrac{3}{2}$

問 **5.12** $-\dfrac{1}{4}$

問 **5.13** 2

問 **5.14** $\dfrac{1}{24}$

問 **5.15** (1) $\dfrac{1}{2}$ (2) $\dfrac{1}{4}$

3. (1) 1 (2) $\dfrac{1}{2}$ (3) $\dfrac{5}{6}$

5.5 面積・体積

◇ **面積**

定積分が面積を表すことから，次が得られる．

> **公式 5.7**
>
> 区間 $[a,b]$ 上 $f(x) \geqq g(x)$ であるとき，2 曲線 $y = f(x)$, $y = g(x)$ と 2 直線 $x = a$, $x = b$ で囲まれる図形の面積 S は
> $$S = \int_a^b (f(x) - g(x))\, dx$$
> と書ける．

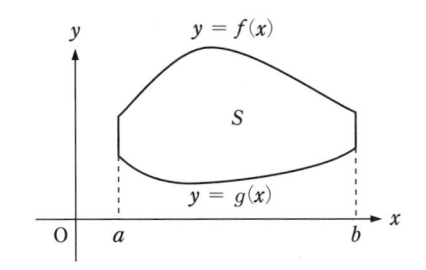

図 5.5 面積

例題 5.16 曲線 $y = x^2$ と直線 $y = 2x$ で囲まれる図形の面積を求めよ．

解答 この 2 曲線の交点の x 座標は $x^2 = 2x$ を解いて $x = 0, 2$ である．$0 \leqq x \leqq 2$ で $x^2 \leqq 2x$ より求める面積は

$$S = \int_0^2 (2x - x^2)\, dx = \left[x^2 - \frac{x^3}{3}\right]_0^2 = 4 - \frac{8}{3} = \frac{4}{3}.$$

問 5.16 次の図形の面積を求めよ．
(1) 2 曲線 $y = x^2 - x$ と $y = 1 - x^2$ で囲まれる図形
(2) 曲線 $y = e^x$ と y 軸および直線 $y = 2$ で囲まれる図形

◇ **体積**

立体の体積は，各平面 $x=c$ でのその立体の断面積 $S(c)$ が与えられれば定積分で計算できる．立体は $a \leqq x \leqq b$ の範囲にあるとする．区間 $[a,b]$ の n 等分点を

$$a = x_0 < x_1 < \cdots < x_n = b$$

とおく．立体を $x=x_j$ での断面を底面とする高さ $x_j - x_{j-1}$ の図形で近似すると，求める体積は

$$V = \lim_{n\to\infty} \sum_{j=1}^{n} S(x_j)(x_j - x_{j-1}) = \int_a^b S(x)\,dx$$

と表される．

公式 5.8

平面 $x=c$ での断面積が $S(c)$, $a \leqq c \leqq b$ で与えられる立体の体積は

$$V = \int_a^b S(x)\,dx$$

である．

例題 5.17 底面積 S_0 で高さ h の錐体の体積を求めよ．

解答 底面は平面 $x=0$ 上にあるとすると，断面積は $(h-x)^2$ に比例するので $S(x) = S_0 \times \left(\dfrac{h-x}{h}\right)^2$ で与えられる．したがって

$$\begin{aligned} V &= \int_0^h S_0 \cdot \left(\frac{h-x}{h}\right)^2 dx \\ &= \frac{S_0}{h^2}\left[-\frac{(h-x)^3}{3}\right]_0^h \\ &= \frac{S_0 h}{3}. \end{aligned}$$

特に立体が曲線 $y=f(x)$ と直線 $x=a$, $x=b$ および x 軸で囲まれる図形を x 軸のまわりに回転した回転体ならば，断面積は $S(x) = \pi f(x)^2$ であるか

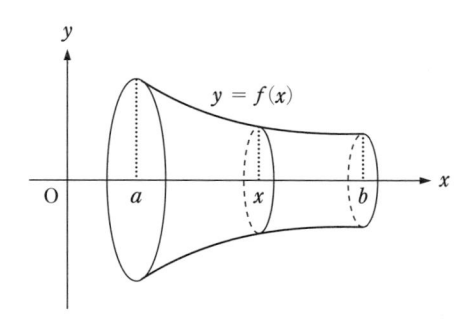

図 **5.6** 回転体の体積

ら次が得られる．

公式 5.9

曲線 $y = f(x)$ と直線 $x = a, x = b$ および x 軸で囲まれる図形を x 軸のまわりに回転した回転体の体積は

$$V = \pi \int_a^b f(x)^2 \, dx$$

で与えられる．

例題 5.18 半径が r の球の体積を求めよ．

解答 球を $x^2+y^2+z^2 \leqq r^2$ としてよい．この球は曲線 $y = \sqrt{r^2 - x^2}, -r \leqq x \leqq r$ と x 軸とで囲まれた図形を x 軸のまわりに回転した回転体であるから，体積は

$$V = \pi \int_{-r}^{r} (\sqrt{r^2 - x^2})^2 \, dx = \pi \int_{-r}^{r} (r^2 - x^2) \, dx = \pi \left[r^2 x - \frac{x^3}{3} \right]_{-r}^{r}$$

$$= \frac{4\pi r^3}{3}.$$

問 5.17 次の曲線と x 軸で囲まれる図形を x 軸のまわりに回転してできる回転体の体積を求めよ．

(1) $y = 1 - x^2$, $-1 \leqq x \leqq 1$　　(2) $y = \sin x, 0 \leqq x \leqq \pi$

節末問題

4. 次の図形の面積を求めよ．

(1) 2曲線 $y=(x-1)^2$ と $y=1-x$ で囲まれる図形

(2) 曲線 $y=x^3$ と直線 $y=x$ で囲まれる図形

5. 次の曲線および直線と x 軸とで囲まれる図形を x 軸のまわりに回転してできる回転体の体積を求めよ．

(1) 曲線 $y=x-x^2$, $0 \leqq x \leqq 1$

(2) 曲線 $y=e^x-1$, $0 \leqq x \leqq 1$ と直線 $x=1$

問と節末問題の解答

問 **5.16**   (1) $\dfrac{9}{8}$ (2) $2\log 2 - 1$

問 **5.17**   (1) $\dfrac{16}{15}\pi$ (2) $\dfrac{\pi^2}{2}$

4.   (1) $\dfrac{1}{6}$ (2) $\dfrac{1}{2}$

5.   (1) $\dfrac{\pi}{30}$ (2) $\dfrac{\pi}{2}(e^2 - 4e + 5)$

5.6 曲線の長さ

◇ 曲線の長さ

曲線の長さは，曲線を折れ線で近似していったときの折れ線の長さの，分割を無限に細かくした極限として定義する．曲線 C が $y = f(x), a \leqq x \leqq b$ と表せるとしよう．区間 $[a,b]$ の分割 $a = x_0 < x_1 < \cdots < x_n = b$ をとり，C 上の点 $\mathrm{P}_j(x_j, f(x_j))$ $(0 \leqq j \leqq n)$ をとる．n を大きくして

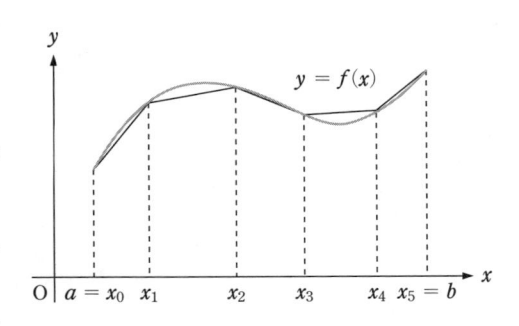

図 5.7 折れ線近似 $(n = 5)$

いったとき，線分 $\mathrm{P}_j\mathrm{P}_{j+1}$ の長さの和が一定の値に近づくとき，その値を C の長さ l と定義する．

ここで，平均値の定理より

$$\mathrm{P}_{j-1}\mathrm{P}_j = \sqrt{(x_j - x_{j-1})^2 + (f(x_j) - f(x_{j-1}))^2}$$
$$= \sqrt{(x_j - x_{j-1})^2 + (f'(c_j)(x_j - x_{j-1}))^2}$$
$$= \sqrt{1 + f'(c_j)^2}\,(x_j - x_{j-1})$$

かつ $x_{j-1} < c_j < x_j$ を満たす c_j が存在する．したがって，定積分の定義から

$$l = \lim_{n \to \infty} \sum_{j=1}^n \mathrm{P}_{j-1}\mathrm{P}_j = \lim_{n \to \infty} \sum_{j=1}^n \sqrt{1 + f'(c_j)^2}\,(x_j - x_{j-1})$$
$$= \int_a^b \sqrt{1 + f'(x)^2}\,dx$$

が成り立つ．

公式 5.10

曲線 $y = f(x)$, $a \leqq x \leqq b$ の長さは
$$l = \int_a^b \sqrt{1 + f'(x)^2}\, dx$$
で与えられる.

例題 5.19 懸垂線 $y = \dfrac{e^x + e^{-x}}{2}$ $(0 \leqq x \leqq b)$ の長さを求めよ.

解答 $1 + y'^2 = 1 + \dfrac{(e^x - e^{-x})^2}{4} = \dfrac{e^{2x} + 2 + e^{-2x}}{4} = \left(\dfrac{e^x + e^{-x}}{2}\right)^2$ より

$$l = \int_0^b \frac{e^x + e^{-x}}{2} dx = \left[\frac{e^x - e^{-x}}{2}\right]_0^b = \frac{e^b - e^{-b}}{2}.$$

問 5.18 曲線 $y = \dfrac{2}{3} x^{\frac{3}{2}}$ $(0 \leqq x \leqq 1)$ の長さを求めよ.

◇ パラメータ表示された曲線の長さ

曲線 C が $x = x(t)$, $y = y(t)$ $(a \leqq t \leqq b)$ とパラメータ表示されているときは, $x = x(t)$ で t に置換積分する. 定理 5.4 より

$$l = \int_{x(a)}^{x(b)} \sqrt{1 + \left(\frac{dy}{dx}\right)^2}\, dx = \int_a^b \sqrt{1 + \left(\frac{dy}{dx}\right)^2}\, \frac{dx}{dt}\, dt$$
$$= \int_a^b \sqrt{\left(\frac{dx}{dt}\right)^2 + \left(\frac{dy}{dx}\frac{dx}{dt}\right)^2}\, dt = \int_a^b \sqrt{\left(\frac{dx}{dt}\right)^2 + \left(\frac{dy}{dt}\right)^2}\, dt$$
$$= \int_a^b \sqrt{x'(t)^2 + y'(t)^2}\, dt$$

が成り立つ.

公式 5.11

パラメータ表示された曲線 $x = x(t), y = y(t)$ $(a \leqq t \leqq b)$ の長さは
$$l = \int_a^b \sqrt{x'(t)^2 + y'(t)^2}\, dt$$
で与えられる.

例題 5.20 サイクロイド $x = a(t - \sin t), y = a(1 - \cos t)$ $(0 \leqq t \leqq 2\pi)$ の長さを求めよ.

解答 $x'(t) = a(1 - \cos t), y'(t) = a \sin t$ と倍角の公式より

$$x'(t)^2 + y'(t)^2 = a^2(1 - \cos t)^2 + a^2 \sin^2 t = 2a^2(1 - \cos t) = 4a^2 \sin^2\left(\frac{t}{2}\right)$$

が成り立つ. したがって
$$l = \int_0^{2\pi} 2a \sin \frac{t}{2}\, dt = \left[-4a \cos \frac{t}{2}\right]_0^{2\pi} = 8a.$$

問 5.19 次の曲線の長さを求めよ.
(1) $x = t^3 - t, y = \sqrt{3} t^2$ $(0 \leqq t \leqq 1)$
(2) $x = \cos 2t, y = \sin 2t$ $(0 \leqq t \leqq \pi)$

節末問題

6. 次の曲線の長さを求めよ.
(1) $x = t^2 - t, y = \dfrac{4\sqrt{2}}{3} t^{\frac{3}{2}}$ $(0 \leqq t \leqq 1)$
(2) $x = t \sin t + \cos t, y = t \cos t - \sin t$ $(0 \leqq t \leqq 2)$

問と節末問題の解答
問 5.18 $\dfrac{2}{3}(2\sqrt{2} - 1)$
問 5.19 (1) 2 　　(2) 2π
6. (1) 2 　　(2) 2

2変数の関数の微分積分

現実の空間の問題を扱うには多変数の関数の微分積分が必要となる．この章では，その基本として2変数関数の微分積分について学ぶ．

6.1　2変数の関数と極限

◇ **2変数の関数**

　これまでは独立変数が1つである関数を考えてきた．ここでは2つの変数をもつ関数を考えよう．2つの変数 x, y の値を与えると，これに応じて第3の変数 z の値が定まるとき，z は x, y の関数であるといい，

$$z = f(x, y)$$

と表す．この場合 x, y を独立変数，z を従属変数という．定義域は一般に xy 平面上のある広がりをもった範囲となる．たとえば，原点を中心とする半径1の円の内部などのようなものである．このような範囲を**領域**とよぶ．

　2変数関数の具体的な例として

$$z = x^2 + y^2$$

という関数を考えよう．定義域は xy 平面全体とする．3次元の空間内に図6.1のように互いに直交する x, y, z 座標軸を定める．

　xy 平面上の点を定める（x, y の値を定める）と，これに応じて高さ z の値が定まる．xy 平面上の各点に対して z の値が定まるのであるから，この空間内にある曲面ができることになる．この曲面を関数 $z = x^2 + y^2$ のグラフという．いま xy 面内で原点 O からの距離が r の点 P を考える．直線 OP が x 軸となす角を θ とすると

$$x = r\cos\theta, \; y = r\sin\theta$$

と表されるので，

$$z = r^2(\cos^2\theta + \sin^2\theta) = r^2$$

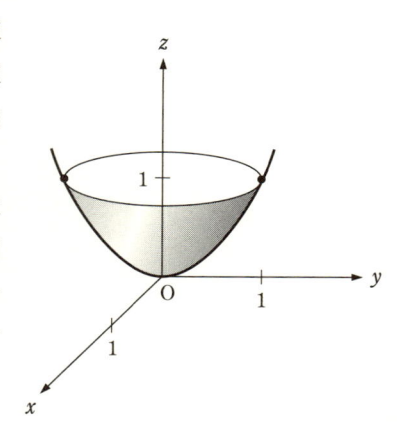

図 **6.1**　$z = x^2 + y^2$ のグラフ

となる．すなわち，この関数は角度 θ によらず原点からの距離 r の 2 乗であたえられ，放物線を z 軸のまわりに回転した曲面となっていることがわかる（図 6.1 参照）．

例題 6.1 関数 $z = x^2 + 2x + y^2 - 2y + 2$ のグラフをかけ．

解答 $z = (x+1)^2 + (y-1)^2$ なので，$z = x^2 + y^2$ のグラフを x 軸の負の方向に 1，y 軸の正の方向に 1 だけ平行移動すればよい（図 6.2 参照）． ∎

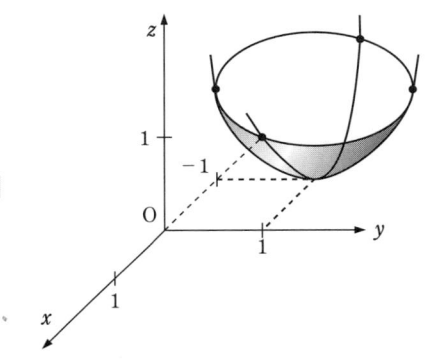

図 **6.2** $z = x^2 + 2x + y^2 - 2y + 2$ のグラフ

問 6.1 次の関数のグラフをかけ．
 (1) $z = x + y + 1$　　(2) $z = x \sin y$

◇ **関数の極限値**

2 変数関数 $z = f(x, y)$ を考える．xy 平面上の点 (x, y) がある点 (a, b) に，$(x, y) \neq (a, b)$ を保ちながら，限りなく近づくとき，$f(x, y)$ の値が一定の値 α に限りなく近づくことを

$$\lim_{(x,y) \to (a,b)} f(x, y) = \alpha$$

と表し，(x, y) が (a, b) に限りなく近づくとき，$f(x, y)$ の極限値は α であるという．さらに

$$(x, y) \to (a, b) \text{ のとき } f(x, y) \to \alpha$$

と書くこともある．

上で点 (x,y) が点 (a,b) に限りなく近づくというときは，その近づき方は任意であり，どのような近づき方をしても常に $f(x,y)$ が一定の値 α に限りなく近づくことが必要である．そうでない場合は極限値は存在しないという．

2 変数関数の連続性も 1 変数関数の場合と同様に定義する (1.1 節を見よ)．

例題 6.2 次の極限値は存在するか．存在する場合はその値を求めよ．

(1) $\displaystyle\lim_{(x,y)\to(0,0)} \frac{x-y}{\sqrt{x^2+y^2}}$
(2) $\displaystyle\lim_{(x,y)\to(0,0)} \frac{x^2-y^2}{\sqrt{x^2+y^2}}$

解答 どちらの場合も $x=r\cos\theta, y=r\sin\theta$ とおくと，$(x,y)\to(0,0)$ は $r\to 0$ と同じことになる．この結果の関数値が θ に依存せず，一定の値に近づけば極限値が存在することになる．

(1) $\displaystyle\frac{x-y}{\sqrt{x^2+y^2}} = \frac{r(\cos\theta-\sin\theta)}{r\sqrt{\cos^2\theta+\sin^2\theta}} = \cos\theta-\sin\theta$

この値は θ に依存するので，極限値は存在しない．

(2) $\displaystyle\lim_{(x,y)\to(0,0)} \frac{x^2-y^2}{\sqrt{x^2+y^2}} = \lim_{r\to 0} \frac{r^2\cos^2\theta-r^2\sin^2\theta}{\sqrt{r^2\cos^2\theta+r^2\sin^2\theta}} = \lim_{r\to 0} r\cos 2\theta = 0$

したがって，極限値は存在し，その値は 0 である．

問 6.2 次の極限値は存在するか．存在する場合はその値を求めよ．

(1) $\displaystyle\lim_{(x,y)\to(0,0)} \frac{xy}{x^2+y^2}$
(2) $\displaystyle\lim_{(x,y)\to(0,0)} \frac{xy}{\sqrt{x^2+y^2}}$

節末問題

1. 次の極限値が存在するか調べ，存在する場合はその値を求めよ．

(1) $\displaystyle\lim_{(x,y)\to(0,0)} \frac{x^2+2xy+y^2}{\sqrt{x^2+y^2}}$
(2) $\displaystyle\lim_{(x,y)\to(0,0)} \frac{x^2-y^2}{\sqrt{x^4+y^4}}$

(3) $\displaystyle\lim_{(x,y)\to(0,0)} \frac{x^3+y^3}{\sqrt{x^4+y^4}}$
(4) $\displaystyle\lim_{(x,y)\to(0,0)} \frac{x^2 y}{x^2+y^2}$

2. 関数 $z=x^2-y^2$ のグラフをかけ．

問と節末問題の解答

問 6.1　略

問 6.2　(1) 存在しない　　(2) 存在する．値は 0

1.　(1) 0　　(2) 存在しない　　(3) 0　　(4) 0

2.　略

6.2 偏微分と全微分

◇ **偏導関数**

領域 D で定義された 2 変数関数 $z = f(x, y)$ が与えられたとき，y の値を一定にして x だけを変化させることを考えよう．一定にする y の値を b とおくと，$f(x, b)$ は x のみの関数となる．この x の関数が $x = a$ で微分できるとき，$f(x, y)$ は点 (a, b) で x に関して**偏微分可能**であるという．この微分係数を x に関する**偏微分係数**とよび，$f_x(a, b)$ と表す．

$$f_x(a, b) = \lim_{\Delta x \to 0} \frac{f(a + \Delta x, b) - f(a, b)}{\Delta x}$$

同様にして，x の値を一定 (a とする) にして y だけを変化させるとき，$y = b$ で微分可能ならば，$f(x, y)$ は点 (a, b) で y に関して**偏微分可能**であるという．この微分係数を y に関する**偏微分係数**とよび，$f_y(a, b)$ と表す．

$$f_y(a, b) = \lim_{\Delta y \to 0} \frac{f(a, b + \Delta y) - f(a, b)}{\Delta y}$$

$f(x, y)$ が領域 D のすべての点で x に関して偏微分可能であるとき，領域 D で x に関して偏微分可能であるという．y に関しても同様である．$f(x, y)$ が x および y に関して偏微分可能であるとき，x および y に関する偏微分係数は (x, y) の関数となる．この関数を $f(x, y)$ の x および y に関する偏導関数とよび，2 つをあわせて，$f(x, y)$ の**偏導関数**とよぶ．偏導関数を求めることを**偏微分する**という．

偏導関数の記号はいろいろあって，本を読むとき注意が必要である．よく用いられる次のような記号については知っておかなければならない．どれも同じものを表している．

$$f_x(x, y), \ \frac{\partial f(x, y)}{\partial x}, \ D_x f(x, y), \ \partial_x f(x, y), \ \frac{\partial}{\partial x} f(x, y)$$

また $z = f(x, y)$ のときは，上の記号で $f(x, y)$ の代わりに z と書いたりすることもある．z_x や $\frac{\partial z}{\partial x}$ などである．

偏導関数の計算は簡単である．x に関する偏導関数は，単に y を定数と見て，x について通常の微分をすればよい．y に関する偏導関数の計算も同様である．

例題 6.3 次の関数の偏導関数を求めよ．

(1) $z = x^2 + y^2$ (2) $z = \sin x \cos y$ (3) $z = \tan \dfrac{y}{x}$

解答 (1) $z_x = 2x$, $z_y = 2y$

(2) $z_x = \cos x \cos y$, $z_y = -\sin x \sin y$

(3) $z_x = \dfrac{1}{\cos^2(\frac{y}{x})}\left(-\dfrac{y}{x^2}\right) = -\dfrac{y}{x^2 \cos^2(\frac{y}{x})}$, $z_y = \dfrac{1}{x \cos^2(\frac{y}{x})}$

問 6.3 次の関数の偏導関数を求めよ．

(1) $z = x^2 - 4xy + 4y^2$ (2) $z = \cos(x-y)$ (3) $z = \tan(xy)$
(4) $z = \cos\left(\dfrac{y}{x}\right)$

◇ 接平面

曲面 $z = f(x,y)$ を考える．この曲面上の点 (a,b,c) で，この曲面に接する平面を**接平面**という．y を一定 ($y = b$) として得られる x の関数の接線と，x を一定 ($x = a$) として得られる y の関数の接線とを含む平面が，この点における接平面となる (図 6.3 参照)．

点 (a,b) における z の値を c としよう．曲面 $z = f(x,y)$ 上の点 (a,b,c) でこの曲面に接する接平面の方程式を求めよう．点 (a,b,c) を含む平面の方程式は

$$z - c = A(x-a) + B(y-b)$$

と表されるが，係数 A, B はそれぞれ $y = b$, $x = a$ としたときの曲線

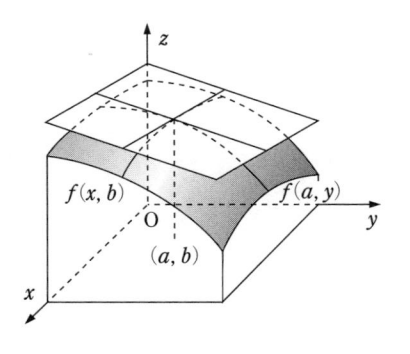

図 6.3 接平面

$z = f(x,b)$, $z = f(a,y)$ の接線の傾きとなる．したがって，$A = f_x(a,b)$, $B = f_y(a,b)$ であり，接平面の方程式は次のようになる．ただし，この接平面は xy 平面と垂直ではないとする．

公式 6.1

曲面 $z = f(x,y)$ の点 (a,b,c) における接平面の方程式は
$$z - c = f_x(a,b)(x-a) + f_y(a,b)(y-b)$$
となる．

例題 6.4 関数 $z = x^2 + 4x + y^2 - 2y + 5$ の点 $(1,2,10)$ における接平面の方程式を求めよ．

解答 $f(x,y) = x^2 + 4x + y^2 - 2y + 5$
$$f_x = 2x + 4, \quad f_y = 2y - 2$$
求める方程式は
$$z - 10 = 6(x-1) + 2(y-2)$$
$$z = 6x + 2y$$

問 6.4 関数 $z = x^2 + 2xy + 4y^2$ の点 $(1,1,7)$ における接平面の方程式を求めよ．

問 6.5 関数 $z = x^2 - 4y^2$ の点 $(3,1,5)$ における接平面の方程式を求めよ．

◇ **全微分**

曲面 $z = f(x,y)$ を考える．点 (a,b) において定数 A, B を適当に選び，任意の小さな h, k に対して
$$f(a+h, b+k) - f(a,b) = Ah + Bk + \sqrt{h^2 + k^2}\,\varepsilon$$
$$\lim_{(h,k) \to (0,0)} \varepsilon = 0$$

と書くことができるとき，z は点 (a,b) において**全微分可能**であるという．全微分可能な点においては接平面が存在する．領域 D のすべての点で全微分可能であるとき，D で全微分可能であるという．

$z = f(x,y)$ が点 (x,y) で全微分可能であるとき，x, y の変化 dx, dy に対して

$$dz = f_x(x,y)\,dx + f_y(x,y)\,dy$$

を，関数 $f(x,y)$ の**全微分**とよぶ．これは接平面上で点 (x,y) から (dx, dy) だけ変化したときの z の変化を表している．

例題 6.5 次の関数の全微分を求めよ．

(1) $z = x^2 y$ (2) $z = \sqrt{x^2 + y^2}$ $(x,y) \neq (0,0)$

解答 (1) $z_x = 2xy,\ z_y = x^2,\ dz = 2xy\,dx + x^2\,dy$

(2) $z_x = \dfrac{x}{\sqrt{x^2+y^2}},\ z_y = \dfrac{y}{\sqrt{x^2+y^2}},\ dz = \dfrac{x\,dx + y\,dy}{\sqrt{x^2+y^2}}$

問 6.6 次の関数の全微分を求めよ．

(1) $z = \cos(xy)$ (2) $z = \sin(x+y)$ (3) $z = \log(x^2 + y^2)$

全微分に関しては次の定理が成り立つ．

公式 6.2

全微分可能な 2 つの関数 $f(x,y)$ と $g(x,y)$ があるとき，

(1) $d\{f(x,y) \pm g(x,y)\} = df(x,y) \pm dg(x,y)$ （複号同順）

(2) $d\{f(x,y)\,g(x,y)\} = g(x,y)\,df(x,y) + f(x,y)\,dg(x,y)$

説明が必要なのは 2 番目の公式であろう．

$$\begin{aligned}
d\{f(x,y)\,g(x,y)\} &= \frac{\partial(fg)}{\partial x}\,dx + \frac{\partial(fg)}{\partial y}\,dy \\
&= \left(g\frac{\partial f}{\partial x} + f\frac{\partial g}{\partial x}\right)dx + \left(g\frac{\partial f}{\partial y} + f\frac{\partial g}{\partial y}\right)dy \\
&= g\left(\frac{\partial f}{\partial x}\,dx + \frac{\partial f}{\partial y}\,dy\right) + f\left(\frac{\partial g}{\partial x}\,dx + \frac{\partial g}{\partial y}\,dy\right)
\end{aligned}$$

$$= g\,df + f\,dg$$

節末問題

3. 次の関数の偏導関数を求めよ．

(1) $z = x^2 + 5xy + y^2$ 　　(2) $z = \cos(3x - 2y)$

(3) $z = \sin(xy)$ 　　(4) $z = \dfrac{x-y}{x+y}$

(5) $z = \tan^{-1}\left(\dfrac{x-y}{x+y}\right)$ 　　(6) $z = \sqrt{\dfrac{x-y}{x+y}}$

4. 曲面 $z = x^2 y^2$ の点 $(1,1,1)$ における接平面の方程式を求めよ．

5. 次の関数の全微分を求めよ．

(1) $z = \sqrt{x^2 + 2xy + y^2 + 1}$ 　　(2) $z = \cos\left(\dfrac{x}{y}\right)$

(3) $z = \log(1 + x^2 + y^2)$ 　　(4) $z = \cos x \sin y$

(5) $z = \tan\left(\dfrac{y}{x}\right)$ 　　(6) $z = e^{xy}\sin(x-y)$

問と節末問題の解答

問 **6.3** (1) $z_x = 2x - 4y,\ z_y = -4x + 8y$

(2) $z_x = -\sin(x-y),\ z_y = \sin(x-y)$

(3) $z_x = \dfrac{y}{\cos^2(xy)},\ z_y = \dfrac{x}{\cos^2(xy)}$

(4) $z_x = \dfrac{y}{x^2}\sin\left(\dfrac{y}{x}\right),\ z_y = -\dfrac{1}{x}\sin\left(\dfrac{y}{x}\right)$

問 **6.4**　$z = 4x + 10y - 7$

問 **6.5**　$z = 6x - 8y - 5$

問 **6.6** (1) $dz = -\sin(xy)(y\,dx + x\,dy)$ 　　(2) $dz = \cos(x+y)(dx + dy)$

(3) $dz = \dfrac{2}{x^2 + y^2}(x\,dx + y\,dy)$

3. (1) $z_x = 2x + 5y,\ z_y = 5x + 2y$

(2) $z_x = -3\sin(3x - 2y),\ z_y = 2\sin(3x - 2y)$

(3) $z_x = y\cos(xy)$, $z_y = x\cos(xy)$ (4) $z_x = \dfrac{2y}{(x+y)^2}$, $z_y = -\dfrac{2x}{(x+y)^2}$

(5) $z_x = \dfrac{y}{x^2+y^2}$, $z_y = -\dfrac{x}{x^2+y^2}$

(6) $z_x = \dfrac{y}{(x+y)\sqrt{x^2-y^2}}$, $z_y = -\dfrac{x}{(x+y)\sqrt{x^2-y^2}}$

4. $z = 2x + 2y - 3$

5. (1) $dz = \dfrac{x+y}{\sqrt{x^2+2xy+y^2+1}}(dx+dy)$

(2) $dz = -\dfrac{1}{y^2}\sin\left(\dfrac{x}{y}\right)(y\,dx - x\,dy)$ (3) $dz = \dfrac{2}{1+x^2+y^2}(x\,dx + y\,dy)$

(4) $dz = -\sin x \sin y\,dx + \cos x \cos y\,dy$

(5) $dz = \dfrac{1}{x^2\cos^2(\frac{y}{x})}(-y\,dx + x\,dy)$

(6) $dz = e^{xy}\sin(x-y)(y\,dx + x\,dy) + e^{xy}\cos(x-y)(dx - dy)$

6.3 高階偏導関数

2変数関数 $f(x,y)$ の偏導関数は，一般に2変数 x,y の関数である．これらの偏導関数をさらに偏微分することを考えよう．

$f_x(x,y)$ が y に関して偏微分可能ならば，2階 (2次) 偏導関数 $f_{xy}(x,y)$ が得られる．添え字の順序が偏微分の順序を表しており，左側が最初の偏微分で右側が2番目の偏微分である．次のような記号では順序が異なるので注意が必要である．

$$\frac{\partial^2 f(x,y)}{\partial y\, \partial x} = \frac{\partial}{\partial y}\frac{\partial}{\partial x}f(x,y) = \frac{\partial}{\partial y}f_x(x,y) = f_{xy}(x,y)$$

ここで

$$\frac{\partial^2 f(x,y)}{\partial y\, \partial x}$$

と書くときは，はじめに x で偏微分し，次にそれを y で偏微分することを意味する．f_{yx} とは偏微分する順序が反対になる．

2階偏導関数には次のようなものがある．

$$f_{xx}(x,y),\ f_{xy}(x,y),\ f_{yx}(x,y),\ f_{yy}(x,y)$$

一般に f_{xy} と f_{yx} は等しくはないが，次のような場合は両者は等しくなる．

定理 6.1

偏導関数 $f_{xy}(x,y)$ と $f_{yx}(x,y)$ が存在して，ともに連続であるとき両者は等しい．

応用上あらわれる重要な関数はほとんどこの定理の仮定を満たすので，偏微分の順序は問題にならないことが多い．

例題 6.6 次の関数の2階偏導関数を求めよ．

(1) $z = xy(x^2 - 2y^2)$　　(2) $z = x^2 e^y$

解答　(1) $z_x = y(3x^2 - 2y^2),\quad z_y = x(x^2 - 6y^2),$

$z_{xx} = 6xy, \quad z_{xy} = 3(x^2 - 2y^2), \quad z_{yx} = 3(x^2 - 2y^2), \quad z_{yy} = -12xy$

(2) $z_x = 2xe^y, \quad z_y = x^2 e^y$

$z_{xx} = 2e^y, \quad z_{xy} = 2xe^y, \quad z_{yx} = 2xe^y, \quad z_{yy} = x^2 e^y$

> **問 6.7** 次の関数の 2 階偏導関数を求めよ．
> (1) $z = 2x^2 y^2$ (2) $z = \sin x \cos y$ (3) $z = e^{-2xy}$

さらに高階の偏導関数も同様にして考えることができる．すべての n 階偏導関数が存在して，その偏導関数が連続であるような関数を $\boldsymbol{C^n}$ 級であるという．

節末問題

6. 次の関数の 2 階偏導関数 z_{xx}, z_{xy}, z_{yy} を求めよ．
(1) $z = x^2 + 5xy + y^2$ (2) $z = \cos(x - y)$ (3) $z = \sin(x^2 y)$
(4) $z = e^{-x^2 y}$

問と節末問題の解答

問 6.7 (1) $z_x = 4xy^2, z_y = 4x^2 y, z_{xx} = 4y^2, z_{xy} = z_{yx} = 8xy, z_{yy} = 4x^2$
(2) $z_x = \cos x \cos y, z_y = -\sin x \sin y, z_{xx} = -\sin x \cos y, z_{xy} = z_{yx} = -\cos x \sin y, z_{yy} = -\sin x \cos y$ (3) $z_x = -2ye^{-2xy}, z_y = -2xe^{-2xy}, z_{xx} = 4y^2 e^{-2xy}, z_{xy} = z_{yx} = 2(2xy - 1)e^{-2xy}, z_{yy} = 4x^2 e^{-2xy}$

6. (1) $z_x = 2x + 5y, z_y = 5x + 2y, z_{xx} = 2, z_{xy} = z_{yx} = 5, z_{yy} = 2$
(2) $z_x = -\sin(x - y), z_y = \sin(x - y), z_{xx} = -\cos(x - y), z_{xy} = z_{yx} = \cos(x - y), z_{yy} = -\cos(x - y)$ (3) $z_x = 2xy \cos(x^2 y), z_y = x^2 \cos(x^2 y), z_{xx} = 2y \cos(x^2 y) - 4x^2 y^2 \sin(x^2 y), z_{xy} = z_{yx} = 2x \cos(x^2 y) - 2x^3 y \sin(x^2 y), z_{yy} = -x^4 \sin(x^2 y)$ (4) $z_x = -2xye^{-x^2 y}, z_y = -x^2 e^{-x^2 y}, z_{xx} = 2y(2x^2 y - 1)e^{-x^2 y}, z_{xy} = z_{yx} = 2x(x^2 y - 1)e^{-x^2 y}, z_{yy} = x^4 e^{-x^2 y}$

6.4 合成関数の微分法

$z = f(x, y)$ が全微分可能で，さらに x, y が変数 t の関数 $x = g(t), y = h(t)$ ならば，合成関数 $z = f(g(t), h(t))$ は変数 t の関数である．この関数の微分 $\dfrac{dz}{dt}$ を考えよう．

変数 t が $\varDelta t$ だけ変化したとする．これに伴う x, y の変化を $\varDelta x, \varDelta y$ とする．このときの z の変化を $\varDelta z$ とすれば

$$\varDelta z = \frac{\partial f(x, y)}{\partial x}\varDelta x + \frac{\partial f(x, y)}{\partial y}\varDelta y + (\varDelta x, \varDelta y \text{ の高次の項})$$

となるので，両辺を $\varDelta t$ で割ってから $\varDelta t \to 0$ の極限を考えると，次の公式が得られる．

定理 6.2

$f(x, y)$ が全微分可能で，$x = g(t), y = h(t)$ が微分可能ならば，
$$\frac{dz}{dt} = \frac{\partial z}{\partial x}\frac{dx}{dt} + \frac{\partial z}{\partial y}\frac{dy}{dt}$$

例題 6.7 合成関数の微分法を用いて，次の関数について $\dfrac{dz}{dt}$ を計算せよ．ただし，$x = \cos t, y = \sin t$ であるとする．

(1) $z = xy^2$ 　　(2) $z = x^2 - 3y$

解答 (1) $\dfrac{dz}{dt} = y^2(-\sin t) + 2xy\cos t = -\sin^3 t + 2\cos^2 t \sin t$
$= 2\sin t - 3\sin^3 t$

(2) $\dfrac{dz}{dt} = 2x(-\sin t) - 3\cos t = -\cos t(2\sin t + 3)$

問 6.8 合成関数の微分法を用いて，次の関数について $\dfrac{dz}{dt}$ を計算せよ．ただし，$x = \cos t, y = \sin t$ であるとする．

(1) $z = e^{xy^2}$ 　　(2) $z = \log|(2x - 3y)|$

$z = f(x, y)$ のとき，さらに x, y が変数 s, t の関数 $x = g(s, t), y = h(s, t)$

ならば，結局 z は変数 s, t の関数である．この関数の偏導関数 z_s, z_t を考えよう．このときは

定理 6.3

$f(x,y)$ が全微分可能で，$g(s,t), h(s,t)$ が偏微分可能ならば，
$$\frac{\partial z}{\partial s} = \frac{\partial z}{\partial x}\frac{\partial x}{\partial s} + \frac{\partial z}{\partial y}\frac{\partial y}{\partial s}$$

$$\frac{\partial z}{\partial t} = \frac{\partial z}{\partial x}\frac{\partial x}{\partial t} + \frac{\partial z}{\partial y}\frac{\partial y}{\partial t}$$

が成り立つ．証明は省略するが，定理の使い方を練習しておこう．

例題 6.8 $z = x^2 - y^2$, $x = s\cos t$, $y = s\sin t$ のとき z_s, z_t を求めよ．

解答
$$z_s = (2x)x_s + (-2y)y_s = 2x\cos t - 2y\sin t$$
$$= 2s(\cos^2 t - \sin^2 t) = 2s\cos 2t$$
$$z_t = (2x)x_t + (-2y)y_t = 2x(-s\sin t) - 2y(s\cos t)$$
$$= -4s^2 \sin t \cos t = -2s^2 \sin 2t \qquad \blacksquare$$

問 6.9 $z = \log|(2x - 3y)|$, $x = s\cos t$, $y = s\sin t$ のとき z_s, z_t を求めよ．

C^1 級の関数 $f(x,y)$ があるとき，ある区間のすべての x に対し，$f(x, g(x)) = 0$ を満たす関数 $g(x)$ を考える．このような関数 $y = g(x)$ を $f(x,y)$ によって決まる**陰関数**とよぶ．パラメータ t を使って $x = t, y = g(t)$ のように表すと，合成関数の微分法により

$$\frac{df(x,y)}{dt} = f_x(x,y)\frac{dx}{dt} + f_y(x,y)\frac{dy}{dt} = f_x(x,y) + f_y(x,y)\frac{dg(t)}{dt} = 0$$

$f_y(x,y) \neq 0$ のところでは

$$\frac{dg(t)}{dt} = -\frac{f_x(x,y)}{f_y(x,y)}$$

ここで t を改めて x とおくと,
$$g'(x) = -\frac{f_x(x,y)}{f_y(x,y)}$$
このようにして，次の定理 (陰関数定理) が得られる.

定理 6.4　陰関数定理

領域 D 上の C^1 級関数 $f(x,y)$ が，D 内の点 (a,b) で
$$f(a,b) = 0, \quad f_y(a,b) \neq 0$$
を満たすとする．このとき，
$$f(x, g(x)) = 0, \quad g(a) = b$$
を満たす C^1 級の関数 $g(x)$ が，$x = a$ の近くで存在し,
$$g'(x) = -\frac{f_x(x,y)}{f_y(x,y)}$$
が成り立つ.

例題 6.9　$x^2 + xy + y^2 = 1$ で定められる陰関数の微分 y' を求めよ.

解答　陰関数定理で $f(x,y) = x^2 + xy + y^2 - 1$ とおくと
$$y' = -\frac{f_x(x,y)}{f_y(x,y)} = -\frac{2x+y}{x+2y}$$
この場合は x, y の混在する形を答えとしてよい.

問 6.10　次の式で定められる陰関数について $\dfrac{dy}{dx}$ を計算せよ.
　(1) $x^2 + y^2 = 4$　　(2) $x^3 - 2xy + y^3 = 0$

節末問題

7.　合成関数の微分法を用いて，次の関数の偏導関数 z_x, z_y を求めよ.
(1) $z = 2u + v^2$,　　$u = x \cos y, v = x \sin y$
(2) $z = \cos(u - v)$,　　$u = x + y, v = xy$

(3) $z = \sin(uv), \quad u = x^2 + y^2, v = x^2 - y^2$

8. 次の式で定められる陰関数について，その微分 y' を求めよ．
(1) $\log(x^2 + y^2) = xy$ (2) $e^{xy} = \cos x$

問と節末問題の解答

問 6.8 (1) $\dfrac{dz}{dt} = \sin t(3\cos^2 t - 1)e^{\cos t \sin^2 t}$ (2) $\dfrac{dz}{dt} = \dfrac{-2\sin t - 3\cos t}{2\cos t - 3\sin t}$

問 6.9 $z_s = \dfrac{1}{s}, z_t = \dfrac{-2\sin t - 3\cos t}{2\cos t - 3\sin t}$

問 6.10 (1) $-\dfrac{x}{y}$ (2) $\dfrac{3x^2 - 2y}{2x - 3y^2}$

7. (1) $z_x = 2\cos y + 2x\sin^2 y, z_y = 2x\sin y(x\cos y - 1)$
(2) $z_x = (y-1)\sin(x+y-xy), z_y = (x-1)\sin(x+y-xy)$
(3) $z_x = 4x^3\cos(x^4 - y^4), z_y = -4y^3\cos(x^4 - y^4)$

8. (1) $y' = \dfrac{x^2y + y^3 - 2x}{2y - x^3 - xy^2}$ (2) $y' = \dfrac{-e^{-xy}\sin x - y}{x}$

6.5 線積分

◇ **xy 平面内の曲線**

xy 平面内の曲線はパラメータ t を用いて表すことができる．たとえば，原点を中心とし半径 r の円の上半分は

$$x = r\cos t, \quad y = r\sin t \quad (0 \leqq t \leqq \pi)$$

で表される．

ある曲線がパラメータ t によって

$$x = f(t), \quad y = g(t) \quad (t_1 \leqq t \leqq t_2)$$

のように表されているとしよう．

この曲線の長さはすでに学んだように

$$\int_{t_1}^{t_2} \sqrt{\left(\frac{dx}{dt}\right)^2 + \left(\frac{dy}{dt}\right)^2}\, dt$$

と表される．

◇ **曲線に沿った積分**

平面上のある領域において関数 $f(x,y)$ が連続で，またその領域内において曲線

$$C: \quad x = x(t), \quad y = y(t) \quad (a \leqq t \leqq b)$$

が与えられているとき，$f(x(t), y(t))$ は t の 1 変数関数となるので t に関する定積分が定義できる．

$$\int_C f(x,y)\, dt = \int_a^b f(x(t), y(t))\, dt$$

を $f(x,y)$ の (曲線 C に沿った) **線積分**という．

次にベクトル場 (領域内の各点にベクトルを定義するベクトル値関数) の場合を考えよう．xy 平面内で，ある質点に力 $\boldsymbol{F}$ が働き，この質点は曲線 C に沿って点 P から点 Q まで移動したとする．このとき，力 $\boldsymbol{F} = (g(x,y), h(x,y))$ が

質点に対して行った仕事はいくらになるか計算してみよう．以下，誤解がない限りベクトル $\boldsymbol{F}$ の第1成分を $g(x,y)$，第2成分を $h(x,y)$ と表すことにしよう．曲線 C はパラメータ t によって

$$x = x(t), \quad y = y(t) \qquad (t_0 \leqq t \leqq t_1)$$

のように表されているものとする．パラメータが t から $t+\Delta t$ まで変化したとき質点の変位ベクトルは $\Delta \boldsymbol{r} \approx \left(\dfrac{dx}{dt} \Delta t, \dfrac{dy}{dt} \Delta t \right)$ となる．この微小区間 Δt の仕事は力と変位ベクトルの内積

$$\boldsymbol{F} \cdot \Delta \boldsymbol{r} \approx g(x,y) \frac{dx}{dt} \Delta t + h(x,y) \frac{dy}{dt} \Delta t$$

となるので，これをパラメータ t に関して t_0 から t_1 まで積分すると質点になされた全仕事 W となる．

$$W = \int_{t_0}^{t_1} \left(g(x,y) \frac{dx}{dt} + h(x,y) \frac{dy}{dt} \right) dt$$

さらに

$$dx = \frac{dx}{dt} dt, \quad dy = \frac{dx}{dt} dt$$

であることを使って，記号的に

$$W = \int_C g(x,y)\, dx + h(x,y)\, dy = \int_C \boldsymbol{F} \cdot d\boldsymbol{r}$$

などと表す．意味がわからなくなったらいつでもはじめの定義に戻って考えるとよい．ここで C は指定した曲線に沿って積分することを表している．この積分をベクトル場の曲線 C に沿った**線積分**という．

例題 6.10 次の線積分を計算せよ．

(1) $f(x,y) = xy$ について曲線 $C: x=t, y=t^2 \, (0 \leqq t \leqq 1)$ に沿った線積分 $\displaystyle\int_C f(x,y)\, dt$ を求めよ．

(2) ベクトル場 $\boldsymbol{F} = (g,h) = (xy^2, x^2y)$ について，点 $(1,1)$ から点 $(2,2)$ に至る線分 C に沿った線積分 $\displaystyle\int_C g(x,y)\, dx + h(x,y)\, dy$ を求めよ．

解答 (1) $\displaystyle\int_C f(x,y)\, dt = \int_0^1 t^3\, dt = \frac{1}{4}$

(2) C は $x = t$, $y = t$ $(1 \leqq t \leqq 2)$ と表される.
$$\int_C xy^2\,dx + x^2 y\,dy = \int_1^2 (2t^3)\,dt = 8 - \frac{1}{2} = \frac{15}{2}$$

問 6.11 次の線積分を計算せよ.

(1) $f(x,y) = e^{x+y}$ について曲線 $C : x = t$, $y = t$ $(0 \leqq t \leqq 1)$ に沿った線積分 $\displaystyle\int_C f(x,y)\,dt$ を求めよ.

(2) ベクトル場 $\boldsymbol{F} = (y, x)$ について,点 $(1,1)$ から点 $(2,2)$ に至る線分 C に沿った線積分 $\displaystyle\int_C y\,dx + x\,dy$ を求めよ.

点 A から点 B に至る曲線 C に沿って質点が動くとき,質点になされる仕事が,上の線積分であった.では,点 A から点 B に至る別の勝手な曲線 C_1 にそって質点が動くとき,質点になされる仕事 W_1 は,仕事 W と同じになるのであろうか.

この答は力 $\boldsymbol{F}$ の性質によるのである.力 $\boldsymbol{F}$ が保存力とよばれる種類の力のときは,両端の点が同じ場合それらを結ぶ道筋 (曲線) にはよらないのである.ポテンシャルエネルギーとよばれるある関数 $U(x,y)$ があって,これから力 $\boldsymbol{F} = (g, h)$ が

$$g(x,y) = -\frac{\partial U}{\partial x}, \quad h(x,y) = -\frac{\partial U}{\partial y}$$

と書けるとき,この力を保存力という.この場合は仕事が道筋によらないことを示そう.

点 A,B の座標をそれぞれ (x_0, y_0), (x_1, y_1) とする.曲線 C を考えると
$$x(t_0) = x_0,\, y(t_0) = y_0\,;\quad x(t_1) = x_1,\, y(t_1) = y_1$$
$$U(x(t_0), y(t_0)) = U(x_0, y_0) = U_0\,;\quad U(x(t_1), y(t_1)) = U(x_1, y_1) = U_1$$
である.仕事 W は
$$W = \int_{t_0}^{t_1} \left(-\frac{\partial U}{\partial x}\frac{dx}{dt} - \frac{\partial U}{\partial y}\frac{dy}{dt}\right) dt$$

$$= -\int_{t_0}^{t_1} \frac{dU}{dt}\,dt = U(x(t_0), y(t_0)) - U(x(t_1), y(t_1)) = U_0 - U_1$$

となる．ここで

$$\frac{dU}{dt} = \frac{\partial U}{\partial x}\frac{dx}{dt} + \frac{\partial U}{\partial y}\frac{dy}{dt}$$

を用いた．この結果を見ると，保存力のなす仕事は，空間の各点で定まっているポテンシャルの両端での差 $U_0 - U_1$ と等しくなっていることがわかる．すなわち，道筋 (曲線 C) によらないのである．

力が摩擦力や空気の抵抗力などのようにポテンシャルエネルギーをもたない場合は，線積分の経路 (曲線 C) が違えばその仕事も異なるのである．

では，どのような力がポテンシャルエネルギーをもつのだろうか．力を (g, h) とする．このときこれが保存力であれば，ポテンシャルを $U(x, y)$ として

$$g(x,y) = -\frac{\partial U}{\partial x}, \quad h(x,y) = -\frac{\partial U}{\partial y}$$

で与えられるので，定理 6.1 より

$$\frac{\partial}{\partial y}g(x,y) - \frac{\partial}{\partial x}h(x,y) = 0$$

となる．なぜなら，ポテンシャルは C^2 級の関数 (2 階偏導関数が連続) だからである．

結局，保存力かどうかは上の条件を満足するかどうかで判定できる．保存力の場合は仕事は道筋によらないのである．

一般に

$$\omega = g(x,y)\,dx + h(x,y)\,dy$$

のような式を**微分形式**とよぶ．関数 $f(x,y)$ の全微分 df も微分形式である．この ω がある関数の全微分になっていれば

$$\frac{\partial}{\partial y}g(x,y) = \frac{\partial}{\partial x}h(x,y)$$

が成り立つ．この関係式を**可積分条件**とよぶ．

<参考> いままでは2次元の空間の各点でベクトルが定義されている場合を考えてきた．しかし，実際には3次元空間での考察がしばしば必要になる．その場合は力 $\boldsymbol{F} = (F_1, F_2, F_3)$ が保存力となるためには

$$\mathrm{rot}\, \boldsymbol{F} = 0$$

となることが必要である．この点に関しては本書の範囲を越えるのでベクトル解析の参考書を読んで勉強していただきたい．

例題 6.11 ベクトル場 $\boldsymbol{F} = (2xy + y^2, x^2 + 2xy)$ がある．原点から点 $(2, 1)$ に至る経路 C に沿った線積分 $\displaystyle\int_C (2xy + y^2)\, dx + (x^2 + 2xy)\, dy$ を求めよ．

解答 $\dfrac{\partial}{\partial y} g(x, y) = 2x + 2y,\ \dfrac{\partial}{\partial x} h(x, y) = 2x + 2y$

したがって，可積分条件を満たし，この積分は経路によらない．
そこで経路 C を $x = 2t,\ y = t\ (0 \leqq t \leqq 1)$ と決めて積分する．

$$\int_C g(x, y)\, dx + h(x, y)\, dy = \int_0^1 (10t^2 + 8t^2)\, dt = \left[6t^3\right]_0^1 = 6$$

注意 このように積分の経路 C が具体的な式で与えられていないときは，積分が経路によらないことを示してから積分する．

問 6.12 ベクトル場 $\boldsymbol{F} = (3x^2, 3y^2)$ がある．原点から点 $(2, 2)$ に至る経路 C に沿った線積分 $\displaystyle\int_C 3x^2\, dx + 3y^2\, dy$ を求めよ．

節末問題

9. 以下の計算をせよ．

(1) $f(x, y) = \dfrac{1}{x + y}$ について曲線 $C : x = t,\ y = t\ (1 \leqq t \leqq 2)$ に沿った線積分 $\displaystyle\int_C f(x, y)\, dt$ を求めよ．

(2) ベクトル場 $\boldsymbol{F} = (x^2 + y^2, 2xy)$ について，点 $(1, 1)$ から点 $(2, 2)$ に至る線分 C に沿った線積分 $\displaystyle\int_C g(x, y)\, dx + h(x, y)\, dy$ を求めよ．

(3) ベクトル場 $\bm{F} = \left(\dfrac{x}{x^2+y^2}, \dfrac{y}{x^2+y^2} \right)$ がある．点 $(1,1)$ から点 $(2,2)$ に至る経路 C に沿った線積分 $\displaystyle\int_C g(x,y)\,dx + h(x,y)\,dy$ を求めよ．

(4) ベクトル場 $\bm{F} = (y\cos xy, x\cos xy)$ がある．原点から点 $\left(\dfrac{\sqrt{\pi}}{2}, \dfrac{\sqrt{\pi}}{2} \right)$ に至る経路 C に沿った線積分 $\displaystyle\int_C g(x,y)\,dx + h(x,y)\,dy$ を求めよ．

問と節末問題の解答

問 **6.11**　(1) $\dfrac{1}{2}(e^2-1)$　　(2) 3

問 **6.12**　16

9.　(1) $\dfrac{1}{2}\log 2$　　(2) $\dfrac{28}{3}$　　(3) $\log 2$　　(4) $\dfrac{1}{\sqrt{2}}$

6.6 テイラー級数

◇ テイラーの定理

1変数関数 $f(x)$ についての $x = 0$ でのテイラーの定理を思い出そう．$f(x)$ が n 回微分可能ならば
$$f(x) = f(0) + f'(0)x + \frac{f''(0)}{2!}x^2 + \cdots + \frac{f^{(n-1)}(0)}{(n-1)!}x^{n-1} + \frac{f^{(n)}(\theta x)}{n!}x^n$$
を満たす θ ($0 < \theta < 1$) が存在するのであった．これを2変数関数に拡張する．

$f(x,y)$ を C^n 級の関数とする．定数 a, b, h, k を固定して t の関数を $F(t) = f(a+ht, b+kt)$ とおくと，$F(t)$ は n 回微分可能だから上の1変数関数のテイラーの定理が適用できる．以下では $n = 2$ の場合を扱う．

$F(t)$ に上の公式を適用すると，
$$F(t) = F(0) + F'(0)t + \frac{1}{2}F''(\theta t)t^2$$
を満たす θ ($0 < \theta < 1$) が存在する．ここで，合成関数の微分公式を用いると，
$F'(t) = hf_x(a+ht, b+kt) + kf_y(a+ht, b+kt)$
$F''(t) = h^2 f_{xx}(a+ht, b+kt) + 2hk f_{xy}(a+ht, b+kt) + k^2 f_{yy}(a+ht, b+kt)$
がわかる．したがって，
$$F'(0) = hf_x(a,b) + kf_y(a,b),$$
$$F''(\theta t) = h^2 f_{xx}(a+\theta ht, b+\theta kt) + 2hk f_{xy}(a+\theta ht, b+\theta kt)$$
$$+ k^2 f_{yy}(a+\theta ht, b+\theta kt)$$
となる．これらを上式に代入して $t = 1$ とおくと次が得られる．

定理 6.5　テイラーの定理：$n=2$ の場合

$f(x,y)$ を C^2 級の関数とすると，

$$f(a+h, b+k) = f(a,b) + hf_x(a,b) + kf_y(a,b)$$
$$+ \frac{1}{2}\{h^2 f_{xx}(a+\theta h, b+\theta k) + 2hk f_{xy}(a+\theta h, b+\theta k)$$
$$+ k^2 f_{yy}(a+\theta h, b+\theta k)\}$$

を満たすような $\theta\,(0<\theta<1)$ が存在する．

特に $(a,b)=(0,0)$ のときをマクローリンの定理という．テイラー級数 (テイラー展開)，マクローリン級数 (マクローリン展開) も 1 変数関数のときと同様に定義する．たとえば，$f(x,y)$ のマクローリン級数を 2 次の項までを書くと次のようになる．

$$f(x,y) = f(0,0) + f_x(0,0)x + f_y(0,0)y$$
$$+ \frac{1}{2}\{f_{xx}(0,0)x^2 + 2f_{xy}(0,0)xy + f_{yy}(0,0)y^2\} + \cdots$$

例題 6.12　$f(x,y) = x^2 - xy - 2y^3$ のマクローリン級数を 2 次の項まで求めよ．

解答　$f_x = 2x-y,\ f_y = -x-6y^2,\ f_{xx}=2,\ f_{xy}=-1,\ f_{yy}=-12y$ なので $f(0,0)=0,\ f_x(0,0)=f_y(0,0)=0,\ f_{xx}(0,0)=2,\ f_{xy}(0,0)=-1,\ f_{yy}(0,0)=0$．これらを代入して

$$f(x,y) = \frac{1}{2}(2x^2 - 2xy) + \cdots = x^2 - xy + \cdots$$

問 6.13　次の関数のマクローリン級数を 2 次の項まで求めよ．
(1) $f(x,y) = x^2 - 3x + y + 1$　　(2) $f(x,y) = x^3 - 3xy - 2x + 3y$

例題 6.13　$f(x,y) = \cos(2x+3y)$ のマクローリン級数を 2 次の項まで求めよ．

解答 $f(0,0) = 1$, $f_x(0,0) = f_y(0,0) = 0$, $f_{xx}(0,0) = -4$, $f_{xy}(0,0) = -6$, $f_{yy}(0,0) = -9$ より

$$f(x,y) = 1 - \frac{1}{2}(4x^2 + 12xy + 9y^2) + \cdots$$

問 6.14 次の関数のマクローリン級数を 2 次の項まで求めよ．

(1) $f(x,y) = e^{2x-3y}$ 　　(2) $f(x,y) = e^x \cos y$

節末問題

10. 次の関数のマクローリン級数を 2 次の項まで求めよ．

(1) $f(x,y) = x^3 + 2xy - xy^2 + y^2$ 　　(2) $f(x,y) = \log(1 + x - y)$

問と節末問題の解答

問 6.13 　(1) $1 - 3x + y + x^2 + \cdots$ 　　(2) $-2x + 3y - 3xy + \cdots$

問 6.14 　(1) $1 + 2x - 3y + 2x^2 - 6xy + \dfrac{9y^2}{2} + \cdots$

(2) $1 + x + \dfrac{x^2}{2} - \dfrac{y^2}{2} + \cdots$

10. 　(1) $2xy + y^2 + \cdots$ 　　(2) $x - y - \dfrac{x^2}{2} + xy - \dfrac{y^2}{2} + \cdots$

6.7 極大・極小

◇ 極大・極小

2変数関数 $z = f(x, y)$ に対しても1変数の場合と同様に極値を定義する．$f(x, y)$ が $(x, y) = (a, b)$ の近くで常に $f(x, y) \geqq f(a, b)$ を満たすとき，$f(x, y)$ は $(x, y) = (a, b)$ で**極小**であるといい，$f(a, b)$ を**極小値**という．同様に $(x, y) = (a, b)$ の近くで常に $f(x, y) \leqq f(a, b)$ を満たすとき，$f(x, y)$ は $(x, y) = (a, b)$ で**極大**であるといい，$f(a, b)$ を**極大値**という．極小値と極大値を合わせて**極値**という．

―― 定理 6.6 ――――――――――――――――――――――
偏微分可能な関数 $f(x, y)$ が (a, b) で極値をとれば，$f_x(a, b) = f_y(a, b) = 0$ が成り立つ．
―――――――――――――――――――――――――――

証明 $f(x, y)$ が (a, b) で極値をとれば，xy 平面上の直線 $x = a$ に制限した関数 $f(a, y)$ は $y = b$ で極値をとる．したがって，$f_y(a, b) = 0$ でなくてはならない．同様にして $f_x(a, b) = 0$ もわかる． ∎

次に極値をとるための十分条件を与える．

―― 定理 6.7 ――――――――――――――――――――――
$f(x, y)$ は2階偏導関数までが連続で $f_x(a, b) = f_y(a, b) = 0$ とする．$A = f_{xx}(a, b), B = f_{xy}(a, b), C = f_{yy}(a, b)$ とおくと，
(1) $B^2 - AC < 0$ ならば $f(a, b)$ は極値であり，さらに，$f(a, b)$ は $A > 0$ のとき 極小値，$A < 0$ のとき 極大値になる．
(2) $B^2 - AC > 0$ ならば $f(a, b)$ は極値ではない．
―――――――――――――――――――――――――――

証明 $f(x, y)$ にテイラーの定理 6.5 を適用すると，
$$f(a+h, b+k) = f(a, b) + h f_x(a, b) + k f_y(a, b) + \frac{1}{2}\{h^2 f_{xx}(a+\theta h, b+\theta k)$$

$$+ 2hk f_{xy}(a+\theta h, b+\theta k) + k^2 f_{yy}(a+\theta h, b+\theta k)\}$$

を満たす $\theta\,(0<\theta<1)$ が存在する. 仮定 $f_x(a,b)=f_y(a,b)=0$ より,

$$f(a+h,b+k) = f(a,b) + \frac{1}{2}\{h^2 f_{xx}(a+\theta h, b+\theta k)$$

$$+ 2hk f_{xy}(a+\theta h, b+\theta k) + k^2 f_{yy}(a+\theta h, b+\theta k)\}$$

となる. $f(a+h,b+k)$ と $f(a,b)$ の大小関係を h,k が十分小さいところで考えるためには, この右辺の第2項の符号を調べればよい. さらに f_{xx}, f_{xy}, f_{yy} が連続という仮定と, h,k が十分小さいことと $0<\theta<1$ であることから, $f_{xx}(a+\theta h, b+\theta k), f_{xy}(a+\theta h, b+\theta k), f_{yy}(a+\theta h, b+\theta k)$ はそれぞれ $A=f_{xx}(a,b), B=f_{xy}(a,b), C=f_{yy}(a,b)$ に十分近いので, これらで置き換えた

$$Ah^2 + 2Bhk + Ck^2 = k^2\{A\left(\frac{h}{k}\right)^2 + 2B\frac{h}{k} + C\}$$

の符号を調べればよい. $A\neq 0$ のときは, $s=\dfrac{h}{k}$ の2次関数 $g(s)=As^2+2Bs+C$ の符号を調べればよい. 判別式をみると, $B^2-AC>0$ ならば $g(s)=0$ は異なる2実解をもつので, $g(s)$ は正にも負にもなる. 逆に $B^2-AC<0$ ならば $g(s)$ は決して 0 にはならず, $A>0$ なら $g(s)>0$, $A<0$ なら $g(s)<0$ であることがわかる. 言い換えると, $B^2-AC>0$ ならば $f(x,y)-f(a,b)$ は点 (a,b) の近くで正にも負にもなるので $f(a,b)$ は極値ではない. そして $B^2-AC<0$ かつ $A>0$ ならば $f(x,y)\geqq f(a,b)$ だから, $f(a,b)$ は極小値である. 極大値の場合も同様. $C\neq 0$ のときは, h,k の役割を入れ替えればよい. $A=C=0$ のときは, 明らかに極値ではない. ∎

$B^2-AC=0$ のときは, 極値をとることもとらないこともある. たとえば, $f(x,y)=x^3+y^3$ は原点で $f_x(0,0)=f_y(0,0)=f_{xx}(0,0)=f_{xy}(0,0)=f_{yy}(0,0)=0$ を満たすので, $B^2-AC=0$ であるが, 原点で極値をとらないことは容易にわかる. 一方, $f(x,y)=x^4+y^4$ も同様に2階までの偏導関数が原点で 0 になるが, 原点では極小値をとる. $B^2-AC=0$ のときはさらな

る解析が必要になるのである.

$B^2 - AC > 0$ のとき,点 (a,b) は**峠点**という.次の図を見よ.

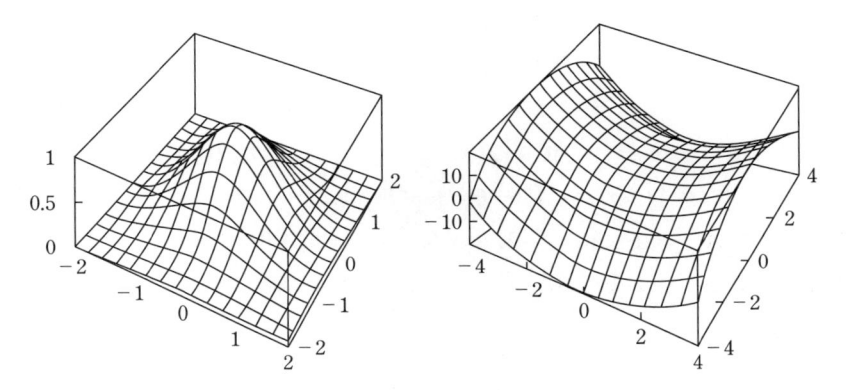

図 **6.4** 左:極大値,右:峠点

例題 6.14 $f(x,y) = x^2 - xy + y^2 - x - y$ の極値を求めよ.

解答 極値をとる点の候補は定理 6.6 より
$$f_x = 2x - y - 1 = 0, \quad f_y = -x + 2y - 1 = 0$$
を満たす.これを x, y を未知数とする連立方程式と思って解くと, $x = 1, y = 1$ となる.次に定理 6.7 を $(a,b) = (1,1)$ の場合に適用する. $A = f_{xx}(1,1) = 2, B = f_{xy}(1,1) = -1, f_{yy}(1,1) = 2$ なので $B^2 - AC = 1 - 4 = -3 < 0$ かつ $A = 2 > 0$ である.したがって, $f(x,y)$ は $(x,y) = (1,1)$ で極小値 $f(1,1) = -1$ をとる.

問 6.15 次の関数の極値を求めよ.
(1) $f(x,y) = x^2 + 2xy + 2y^2 + 2x - 6y + 1$
(2) $f(x,y) = -2x^2 + xy - y^2 - 2x - 3y$

例題 6.15 $f(x,y) = x^3 - 3xy + y^3$ の極値を求めよ.

解答 極値をとる点の候補は定理 6.6 より
$$f_x = 3x^2 - 3y = 0, \quad f_y = -3x + 3y^2 = 0$$

を満たす．これを x, y を未知数とする連立方程式と思って解く．第 1 式より $y = x^2$, 第 2 式より $x = y^2$ となる．したがって，y を消去すると，$x = y^2 = (x^2)^2 = x^4$ となり，これを解くと $x = 0$ と $x = 1$ となる．これから $y = 0$ と $y = 1$ となる．したがって，極値をとる点の候補は $(0, 0)$ と $(1, 1)$ である．次に定理 6.7 を用いる．$(0, 0)$ では $A = f_{xx}(0, 0) = 0$, $B = f_{xy}(0, 0) = -3$, $C = f_{yy}(0, 0) = 0$ なので $B^2 - AC = 9 > 0$, したがって，$(0, 0)$ では極値をとらない．$(1, 1)$ では $A = f_{xx}(1, 1) = 6$, $B = f_{xy}(1, 1) = -3$, $C = f_{yy}(1, 1) = 6$ なので $B^2 - AC = 9 - 36 = -27 < 0$ かつ $A = 6 > 0$ である．したがって，$f(x, y)$ は $(x, y) = (1, 1)$ で極小値 $f(1, 1) = -1$ をとる．

問 6.16 次の関数の極値を求めよ．

(1) $f(x, y) = -x^3 + 12xy - y^3$　　(2) $f(x, y) = x^3 + 3xy^2 - 3x$

◇ 条件付極値

応用上は点 (x, y) がある曲線 $g(x, y) = 0$ 上を動くときの関数 $f(x, y)$ の極値を求めることがよくある (次の発展を見よ)．

定理 6.8　ラグランジュの未定係数法

点 (x, y) が曲線 $g(x, y) = 0$ 上を動くとき，関数 $f(x, y)$ が，その曲線上の点 (a, b) で極値をとるとする．$g_x(a, b) = g_y(a, b) = 0$ でなければ

$$f_x(a, b) - \lambda g_x(a, b) = 0, \quad f_y(a, b) - \lambda g_y(a, b) = 0 \qquad (6.1)$$

を満たす定数 λ が存在する．

証明　$g_y(a, b) \neq 0$ とすると，陰関数定理より $g(x, y) = 0$ は点 (a, b) の近くで $y = \phi(x)$ と書ける．したがって，曲線 $g(x, y) = 0$ 上で関数 $f(x, y)$ の極値を調べるのは，x の関数 $h(x) = f(x, \phi(x))$ の極値を調べるのと同じである．$h(x)$ が $x = a$ で極値をとるとすると，定理 4.9 から $h'(a) = 0$ となる．ここで，合成関数の微分公式より $h'(x) = f_x(x, \phi(x)) + f_y(x, \phi(x))\phi'(x)$ なので，

$h'(a) = 0$ は

$$f_x(a,b) + f_y(a,b)\phi'(a) = 0 \tag{6.2}$$

と書ける．ここで $\phi(a) = b$ を用いた．一方，$g(x, \phi(x)) \equiv 0$ の両辺を x で微分すると，$g_x(x, \phi(x)) + g_y(x, \phi(x))\phi'(x) \equiv 0$ が恒等的に成り立つので，$x = a$ を代入することにより

$$g_x(a,b) + g_y(a,b)\phi'(a) = 0 \tag{6.3}$$

を得る．等式 (6.2) と (6.3) から

$$\frac{f_x(a,b)}{f_y(a,b)} = -\phi'(a) = \frac{g_x(a,b)}{g_y(a,b)}$$

となり，これから

$$\frac{f_x(a,b)}{g_x(a,b)} = \frac{f_y(a,b)}{g_y(a,b)}$$

を得る．これを λ とおけば，

$$f_x(a,b) - \lambda g_x(a,b) = 0, \qquad f_y(a,b) - \lambda g_y(a,b) = 0$$

となる． ∎

この定理 6.8 は極値をとる点の候補を与えるだけであり，実際に極値をとるかどうかを知るにはさらに解析する必要がある．1 変数関数の極値問題から $h(x)$ の 2 階導関数の符号が正ならば極小値，負ならば極大値を与えることがわかる．これらの条件を $f(x,y), g(x,y)$ の言葉で表すことも可能であるが，複雑になるのでここではこれ以上は触れない．実際には，有界閉集合上の連続関数は必ず最大値と最小値をもつ，という定理 (定理 1.3 を 2 変数関数へ拡張したもの) から，極値になると判定できることが多い．

例題 6.16 $x^2 + y^2 = 1$ 上 $f(x,y) = 2x + 4y$ の極値を求めよ．

解答 $g(x,y) = x^2 + y^2 - 1$ とおいて，定理 6.8 を適用する．極値をとる点 (x,y) は

$$f_x(x,y) - \lambda g_x(x,y) = 2 - 2\lambda x = 0$$

$$f_y(x,y) - \lambda g_y(x,y) = 4 - 2\lambda y = 0$$

$$g(x,y) = x^2 + y^2 - 1 = 0$$

を満たす．第 1 式から $x = \dfrac{1}{\lambda}$，第 2 式から $y = \dfrac{2}{\lambda}$ となる．これらを第 3 式に代入すると $\dfrac{5}{\lambda^2} = 1$ となるので，結局 $\lambda = \pm\sqrt{5}$ がわかる．したがって，極値を与える点の候補は $(x,y) = \left(\pm\dfrac{1}{\sqrt{5}}, \pm\dfrac{2}{\sqrt{5}}\right)$ の 2 点である．円周上の連続関数は最大値と最小値を必ずもつので，この 2 点で最大最小になる．実際に計算すると $f\left(\pm\dfrac{1}{\sqrt{5}}, \pm\dfrac{2}{\sqrt{5}}\right) = \pm 2\sqrt{5}$ なので，$(x,y) = \left(\dfrac{1}{\sqrt{5}}, \dfrac{2}{\sqrt{5}}\right)$ で極大値 (最大値) $2\sqrt{5}$ を，$(x,y) = \left(-\dfrac{1}{\sqrt{5}}, -\dfrac{2}{\sqrt{5}}\right)$ で極小値 (最小値) $-2\sqrt{5}$ をとる． ∎

問 6.17 次の条件付極値を求めよ．
(1) $x^2 + y^2 = 4$ 上 $f(x,y) = 2x - 2y$
(2) $x^2 + xy + y^2 = 1$ 上 $f(x,y) = 3x + 3y$

◇ **発展：エントロピーを最大にする分布：ボルツマン分布** ◇

　ラグランジュの未定係数法は気体分子の統計力学に応用される．そこでは，2 変数関数ではなく，より多くの変数をもつ関数の，2 個の条件式のもとでの最大値を考える．そこで，まず簡単のために 3 変数関数 $f(x,y,z)$ の $g(x,y,z) = h(x,y,z) = 0$ のもとでの極値問題に定理 6.8 を拡張する．

定理 6.9

点 (x,y,z) が曲線 $g(x,y,z) = h(x,y,z) = 0$ 上を動くとき，関数 $f(x,y,z)$ が，その曲線上の点 (a,b,c) で極値をとるとする．すると

$$f_x(a,b,c) - \lambda g_x(a,b,c) - \mu h_x(a,b,c) = 0$$
$$f_y(a,b,c) - \lambda g_y(a,b,c) - \mu h_y(a,b,c) = 0$$
$$f_z(a,b,c) - \lambda g_z(a,b,c) - \mu h_z(a,b,c) = 0$$
$$g(a,b,c) = h(a,b,c) = 0$$

を満たす定数 λ, μ が存在する．

一般の変数の場合も同様である．これを用いてボルツマン分布を説明しよう．

エントロピーの概念は統計力学，情報理論などさまざまな分野に現れる．以下の議論は気体の分子運動をモデルにしているが，基本的な考え方は同じである．

系の分子の数が N，全エネルギーが E の気体を考える．各分子の運動エネルギーが $\varepsilon_1, \varepsilon_2, \cdots, \varepsilon_i, \cdots$ で表され，これらのエネルギーをもつ分子が $n_1, n_2, \cdots, n_i, \cdots$ 個分布していたとしよう．

$$\text{全分子数} \quad : \quad \sum_i n_i = N$$

$$\text{全エネルギー} \quad : \quad \sum_i \varepsilon_i n_i = E$$

これらが一定という仮定の元で，起こりうる微視的状態の数 W は，異なる N 個の分子を $n_1, n_2, \cdots$ 個からなる分子のグループに分配する場合の数に等しいので，$W = \dfrac{N!}{n_1! n_2! \cdots}$ である．したがって

$$\log W = \log N! - \sum_i \log n_i!$$

となることがわかるが，これが最大になるような分布 $n_1, n_2, \cdots$ を**ボルツマン分布**という．ボルツマンはエントロピーを $S = k \log W$ と定義した．k はボルツマン定数である．現実に起こる (非可逆) 変化においてはエントロピーは増

大する(熱力学第2法則)ので,ボルツマン分布は与えられた条件下でエントロピーを最大にする分布であり,系の最終的な状態(定常状態)を記述するといえよう.

ここで,スターリングの公式
$$\log N! = \sum_{j=1}^{N} \log j \approx \int_{1}^{N} \log x \, dx = [x \log x - x]_1^N$$
$$= N \log N - N + 1 \approx N \log N - N$$
を用いると,結局ボルツマン分布は $n_1, n_2, \cdots$ を変数とする関数
$$f(n_1, n_2, \cdots) = N \log N - \sum_i n_i \log n_i$$
の,上の2つの条件のもとでの最大値を与える分布のことである.定理6.9を,$f(n_1, n_2, \cdots)$ と $g(n_1, n_2, \cdots) = \sum_i n_i - N$, $h(n_1, n_2, \cdots) = \sum_i \varepsilon_i n_i - E$ に適用すると,極値をとる点の候補は,各 i に対し
$$f_{n_i} - \lambda g_{n_i} - \mu h_{n_i} = 0 \tag{6.4}$$
を満たす.実際に計算すると,
$$f_{n_i} = -\log n_i - 1, \quad g_{n_i} = 1, \quad h_{n_i} = \varepsilon_i$$
となるので,これを式(6.4)に代入すると,各 i に対し,
$$-\log n_i - 1 - \lambda - \mu \varepsilon_i = 0$$
が成り立つ.これを n_i について解くと,$\log n_i = -1 - \lambda - \mu \varepsilon_i$ だから $n_i = e^{-\lambda - 1 - \mu \varepsilon_i}$ となる.
$$N = \sum_i n_i = e^{-\lambda - 1} \sum_i e^{-\mu \varepsilon_i}$$
より,
$$e^{-\lambda - 1} = \frac{N}{\sum_i e^{-\mu \varepsilon_i}},$$

したがって

$$\frac{n_i}{N} = \frac{e^{-\mu\varepsilon_i}}{\sum_i e^{-\mu\varepsilon_i}}$$

と書ける．この点で本当に極値をとること，それが極大値であることを示すことができるが，省略する．さらに $\mu = \dfrac{1}{kT}$ (T は絶対温度) であることもわかる．

節末問題

11. 次の関数の極値を求めよ．
(1) $f(x,y) = x^2 + xy + y^2 - 4x - 2y$ (2) $f(x,y) = x^3 + 6xy + y^3$

12. 次の条件付極値を求めよ．
(1) $x^2 + y^2 = 1$ 上 $f(x,y) = x + y$
(2) $x^2 + y^2 = 1$ 上 $f(x,y) = xy$

問と節末問題の解答

問 6.15　(1) $(-5, 4)$ で極小値 -16　(2) $(-1, -2)$ で極大値 4

問 6.16　(1) $(4, 4)$ で極大値 64, $(0, 0)$ は峠点　(2) $(1, 0)$ で極小値 -2, $(-1, 0)$ で極大値 2, $(0, \pm 1)$ は峠点

問 6.17　(1) $(\sqrt{2}, -\sqrt{2})$ で極大値 $4\sqrt{2}$, $(-\sqrt{2}, \sqrt{2})$ で極小値 $-4\sqrt{2}$
(2) $\left(\dfrac{1}{\sqrt{3}}, \dfrac{1}{\sqrt{3}}\right)$ で極大値 $2\sqrt{3}$, $\left(-\dfrac{1}{\sqrt{3}}, -\dfrac{1}{\sqrt{3}}\right)$ で極小値 $-2\sqrt{3}$

11.　(1) $(2, 0)$ で極小値 -4　(2) $(-2, -2)$ で極大値 8, $(0, 0)$ は峠点

12.　(1) $\left(\dfrac{1}{\sqrt{2}}, \dfrac{1}{\sqrt{2}}\right)$ で極大値 $\sqrt{2}$, $\left(-\dfrac{1}{\sqrt{2}}, -\dfrac{1}{\sqrt{2}}\right)$ で極小値 $-\sqrt{2}$
(2) $\left(\pm\dfrac{1}{\sqrt{2}}, \pm\dfrac{1}{\sqrt{2}}\right)$ で極大値 $\dfrac{1}{2}$, $\left(\pm\dfrac{1}{\sqrt{2}}, \mp\dfrac{1}{\sqrt{2}}\right)$ で極小値 $-\dfrac{1}{2}$ (複号同順)

6.8　2重積分の定義・簡単な場合の計算

◇ **2重積分の定義**

1変数関数の定積分が面積を一般化した概念だったように，2変数関数の2重積分は体積を一般化した概念である．積分領域 D が長方形 $a \leqq x \leqq b, c \leqq y \leqq d$ の場合は，1変数の場合と同様に考えられる．区間 $[a, b]$ と $[c, d]$ の分割

$$\Delta : a = x_0 < x_1 < \cdots < x_m = b, \quad c = y_0 < y_1 < \cdots < y_n = d$$

を考える．各小長方形 $D_{i,j} : x_{i-1} \leqq x \leqq x_i, y_{j-1} \leqq y \leqq y_j$ から任意に点 $(x_{i,j}, y_{i,j})$ をとって，次のような和

$$S(f, \Delta) = \sum_{i=1}^{m} \sum_{j=1}^{n} f(x_{i,j}, y_{i,j})(x_i - x_{i-1})(y_j - y_{j-1})$$

をとり，分割を細かくしていったときに極限が常に一定の値に近づくとき，$f(x, y)$ は D 上**積分可能**であるという．また，その極限値を D 上の $f(x, y)$ の **2重積分**といい，$\iint_D f(x, y)\,dx\,dy$ と書く．$f(x, y) \geqq 0$ ならば これが 5個の平面 $x = a, x = b, y = c, y = d, z = 0$ と曲面 $z = f(x, y)$ で囲まれる領域の体積を表す．一般には**符号付きの体積**を表す．以下 $f(x, y)$ は連続関数とする．

定理 6.10

関数 $f(x, y)$ が長方形 $D : a \leqq x \leqq b, c \leqq y \leqq d$ で連続ならば D 上積分可能であり，2重積分 $\iint_D f(x, y)\,dx\,dy$ は D 上，曲面 $z = f(x, y)$ と平面 $z = 0$ の間にある領域の符号付き体積を表す．

◇ **累次積分**

$f(x, y)$ が長方形 D 上積分可能ならば，特に $x_{i,j} = x_i$ を j によらないようにとり，$y_{i,j} = y_j$ を i によらないようにとれる．すると2重積分の定義より

$$\iint_D f(x,y)\,dx\,dy = \lim \sum_{i=1}^{m} \sum_{j=1}^{n} f(x_i, y_j)(x_i - x_{i-1})(y_j - y_{j-1})$$
$$= \lim \sum_{i=1}^{m} (x_i - x_{i-1}) \sum_{j=1}^{n} f(x_i, y_j)(y_j - y_{j-1})$$
$$= \lim \sum_{i=1}^{m} (x_i - x_{i-1}) \int_c^d f(x_i, y)\,dy$$
$$= \int_a^b \left(\int_c^d f(x,y)\,dy \right) dx$$

がいえる．つまり，2重積分を1変数ごとに積分することができるのである．これを**累次積分**という．次節ではより一般の場合の累次積分を扱う．

定理 6.11

関数 $f(x,y)$ が長方形 $D: a \leqq x \leqq b,\ c \leqq y \leqq d$ で連続ならば
$$\iint_D f(x,y)\,dx\,dy = \int_a^b \left(\int_c^d f(x,y)\,dy \right) dx = \int_c^d \left(\int_a^b f(x,y)\,dx \right) dy$$
が成り立つ．

以下では次のように書く．

$$\int_a^b \left(\int_c^d f(x,y)\,dy \right) dx = \int_a^b dx \int_c^d f(x,y)\,dy$$
$$\int_c^d \left(\int_a^b f(x,y)\,dx \right) dy = \int_c^d dy \int_a^b f(x,y)\,dx$$

例題 6.17 次の2重積分を求めよ．
(1) $\iint_D xy^2\,dx\,dy,\ D: 0 \leqq x \leqq 1,\ 0 \leqq y \leqq 2$
(2) $\iint_D (x+y)\,dx\,dy,\ D: 0 \leqq x \leqq 1,\ 0 \leqq y \leqq 2$

解答 (1) $\displaystyle\iint_D xy^2\,dx\,dy = \int_0^1 dx \int_0^2 xy^2\,dy$
$\displaystyle = \int_0^1 x\,dx \left[\frac{y^3}{3}\right]_0^2 = \left[\frac{x^2}{2}\right]_0^1 \times \frac{8}{3} = \frac{4}{3}$

(2) $\displaystyle\iint_D (x+y)\,dx\,dy = \int_0^1 dx \int_0^2 (x+y)\,dy$
$\displaystyle = \int_0^1 dx \left[xy + \frac{y^2}{2}\right]_0^2 = \int_0^1 (2x+2)\,dx = \left[x^2 + 2x\right]_0^1 = 3.$

ここで $\displaystyle\int_c^d f(x,y)\,dy$ を計算するときは x は定数と思って y の関数として原始関数を求めることに注意しよう．特に $f(x,y)$ が x だけの関数 $g(x)$ と y だけの関数 $h(y)$ の積 $g(x)h(y)$ の形のときは，

$$\iint_D g(x)h(y)\,dx\,dy = \int_a^b g(x)\,dx \int_c^d h(y)\,dy$$

と，2つの1変数関数の積分の積になる．

問 6.18 次の2重積分を求めよ．
(1) $\displaystyle\iint_D x^2 y^3\,dx\,dy,\ D: 0 \leqq x \leqq 1,\ 0 \leqq y \leqq 2$
(2) $\displaystyle\iint_D (x^2 - xy + y^2)\,dx\,dy,\ D: 0 \leqq x \leqq 1,\ 0 \leqq y \leqq 2$

例題 6.18 次の2重積分を求めよ．
(1) $\displaystyle\iint_D 2x\cos y\,dx\,dy,\ D: 0 \leqq x \leqq 1,\ 0 \leqq y \leqq \frac{\pi}{2}$
(2) $\displaystyle\iint_D \cos(x+y)\,dx\,dy,\ D: 0 \leqq x \leqq \frac{\pi}{2},\ 0 \leqq y \leqq \frac{\pi}{2}$

解答 (1) $\displaystyle\iint_D 2x\cos y\,dx\,dy = \int_0^1 2x\,dx \int_0^{\frac{\pi}{2}} \cos y\,dy = \left[x^2\right]_0^1 \left[\sin y\right]_0^{\frac{\pi}{2}}$
$= 1$

(2) $\iint_D \cos(x+y)\,dx\,dy = \int_0^{\frac{\pi}{2}} dx \int_0^{\frac{\pi}{2}} \cos(x+y)\,dy = \int_0^{\frac{\pi}{2}} dx\,[\sin(x+y)]_0^{\frac{\pi}{2}}$

$= \int_0^{\frac{\pi}{2}} \left(\sin\left(x+\frac{\pi}{2}\right) - \sin x\right)dx = \left[-\cos\left(x+\frac{\pi}{2}\right) + \cos x\right]_0^{\frac{\pi}{2}} = 0$ ∎

問 6.19 次の 2 重積分を求めよ.

(1) $\iint_D e^{x+y}\,dx\,dy$, $D: 0 \leqq x \leqq 1,\ 0 \leqq y \leqq 2$

(2) $\iint_D \dfrac{y}{x}\,dx\,dy$, $D: 1 \leqq x \leqq 2,\ 0 \leqq y \leqq 2$

節末問題

13. 次の 2 重積分を求めよ.

(1) $\iint_D xe^y\,dx\,dy$, $D: 0 \leqq x \leqq 1,\ 0 \leqq y \leqq 2$

(2) $\iint_D \sin(x+y)\,dx\,dy$, $D: 0 \leqq x \leqq \dfrac{\pi}{2},\ 0 \leqq y \leqq \dfrac{\pi}{2}$

問と節末問題の解答

問 6.18　(1) $\dfrac{4}{3}$　　(2) $\dfrac{7}{3}$

問 6.19　(1) $e^3 - e^2 - e + 1 = (e-1)(e^2-1)$　　(2) $2\log 2$

13.　(1) $\dfrac{e^2-1}{2}$　　(2) 2

6.9 2重積分の計算・累次積分

この節では積分領域 D が曲線で囲まれる場合を扱う．まず，領域 D を図 6.5 のように，小さい長方形 D_{ij}, $1 \leqq i \leqq m, 1 \leqq j \leqq n$ の和で近似していく．各長方形 $D_{i,j}$ から任意に点 (x_{ij}, y_{ij}) をとり，和

$$S(f, \Delta) = \sum_{i=1}^{m}\sum_{j=1}^{n} f(x_{ij}, y_{ij}) \times (D_{ij} \text{ の面積})$$

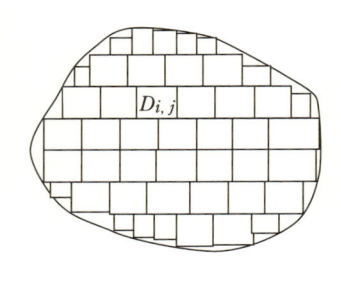

図 6.5 長方形で近似

が分割を細かくしていったとき，常に一定の値に近づくとき，その値を D 上の $f(x,y)$ の 2 重積分といい，$\iint_D f(x,y)\,dx\,dy$ と書く．$f(x,y) \geqq 0$ ならば，これが D 上 $z=0$ と $z=f(x,y)$ の間にある図形 V の体積を表す．

具体的には，$a \leqq x \leqq b$ で定義された 2 つの連続関数 $\phi(x), \psi(x)$ で $[a,b]$ 上 $\phi(x) \leqq \psi(x)$ を満たすものとして，D は 2 直線 $x=a, x=b$ と 2 曲線 $y=\phi(x), y=\psi(x)$ で囲まれた領域とする（図 6.6 を見よ）．したがって，その値は，定理 5.8 を用いると，V の平面 $x=c$ での断面積 $S(c)$ を積分すればよい．V の $x=c$ での断面は

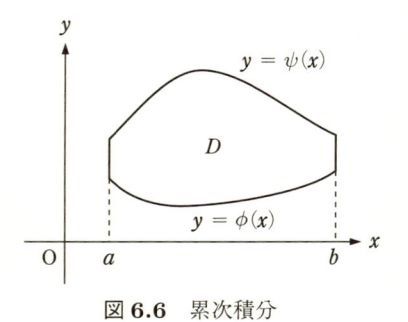

図 6.6 累次積分

$$0 \leqq z \leqq f(c,y), \quad \phi(c) \leqq y \leqq \psi(c)$$

と表せるので，断面積は積分

$$S(c) = \int_{\phi(c)}^{\psi(c)} f(c,y)\,dy$$

で表される．したがって，求める 2 重積分は
$$\iint_D f(x,y)\,dx\,dy = \int_a^b S(x)\,dx = \int_a^b dx \left(\int_{\phi(x)}^{\psi(x)} f(x,y)\,dy \right)$$
と書ける．D が長方形の場合は前節の定義と一致することは容易にわかる．

定理 6.12

D は 2 直線 $x=a$, $x=b$ と 2 曲線 $y=\phi(x)$, $y=\psi(x)$ で囲まれた領域とする．関数 $f(x,y)$ が D で連続ならば
$$\iint_D f(x,y)\,dx\,dy = \int_a^b dx \left(\int_{\phi(x)}^{\psi(x)} f(x,y)\,dy \right)$$
が成り立つ．

例題 6.19 次の 2 重積分を求めよ．
(1) $\iint_D xy\,dx\,dy$, $D: 0 \leqq x \leqq 1,\ 0 \leqq y \leqq x$
(2) $\iint_D y\,dx\,dy$, $D: x^2 + y^2 \leqq 1,\ y \geqq 0$

解答 (1) $\displaystyle\iint_D xy\,dx\,dy = \int_0^1 dx \int_0^x xy\,dy = \int_0^1 x\,dx \left[\frac{y^2}{2} \right]_0^x = \int_0^1 \frac{x^3}{2}\,dx$
$\displaystyle= \left[\frac{x^4}{8} \right]_0^1 = \frac{1}{8}$

(2) $D: -1 \leqq x \leqq 1,\ 0 \leqq y \leqq \sqrt{1-x^2}$ と書けるので，
$$\iint_D y\,dx\,dy = \int_{-1}^1 dx \int_0^{\sqrt{1-x^2}} y\,dy = \int_{-1}^1 dx \left[\frac{y^2}{2} \right]_0^{\sqrt{1-x^2}}$$
$$= \frac{1}{2} \int_{-1}^1 (1-x^2)\,dx = \frac{1}{2} \left[x - \frac{x^3}{3} \right]_{-1}^1 = \frac{2}{3}$$

問 6.20 次の 2 重積分を求めよ．
(1) $\iint_D y\,dx\,dy$, $D: 0 \leqq x \leqq 1,\ 0 \leqq y \leqq 1-x$
(2) $\iint_D (x+y)\,dx\,dy$, $D: 0 \leqq x \leqq 1,\ 0 \leqq y \leqq 1-x$

(3) $\iint_D y \, dx \, dy$, $D : 0 \leqq x \leqq 1, \, 0 \leqq y \leqq e^x$

(4) $\iint_D \cos(x+y) \, dx \, dy$, $D : 0 \leqq x \leqq \dfrac{\pi}{2}, \, 0 \leqq y \leqq \dfrac{\pi}{2} - x$

節末問題

14. 次の2重積分を求めよ.

(1) $\iint_D y^2 \, dx \, dy$, $D : 0 \leqq x \leqq 1, \, 0 \leqq y \leqq 1-x$

(2) $\iint_D e^y \, dx \, dy$, $D : 0 \leqq x \leqq 1, \, 0 \leqq y \leqq x$

(3) $\iint_D \cos y \, dx \, dy$, $D : 0 \leqq x \leqq \dfrac{\pi}{2}, \, 0 \leqq y \leqq x$

(4) $\iint_D \sin(x+y) \, dx \, dy$, $D : 0 \leqq x \leqq \dfrac{\pi}{2}, \, 0 \leqq y \leqq \dfrac{\pi}{2} - x$

問と節末問題の解答

問 **6.20** (1) $\dfrac{1}{6}$ (2) $\dfrac{1}{3}$ (3) $\dfrac{e^2-1}{4}$ (4) $\dfrac{\pi}{2}-1$

14. (1) $\dfrac{1}{12}$ (2) $e-2$ (3) 1 (4) 1

6.10 極座標への変数変換

◇ **極座標への置換積分**

2重積分においても1変数のときと同様に置換積分を考えると簡単になることがある．特に，積分領域 D が円，半円や扇形の場合には極座標
$$x = r\cos\theta, \quad y = r\sin\theta$$
を用いて (r,θ) 座標に変換するとよい．

公式 6.3

$x = r\cos\theta, y = r\sin\theta$ の変換により (x,y) 平面の積分領域 D が (r,θ) 平面の積分領域 G から写されてくるとすると，次が成り立つ．
$$\iint_D f(x,y)\,dx\,dy = \iint_G f(r\cos\theta, r\sin\theta) r\, dr\, d\theta$$

説明 積分領域 G を (r,θ) 平面の長方形の和で近似する．(r,θ) 平面の微小長方形
$$D_{i,j} : r_{i-1} \leqq r \leqq r_i,\ \theta_{j-1} \leqq \theta \leqq \theta_j$$
に対応する xy 平面の図形の面積 $S_{i,j}$ は図 6.7 からわかるように

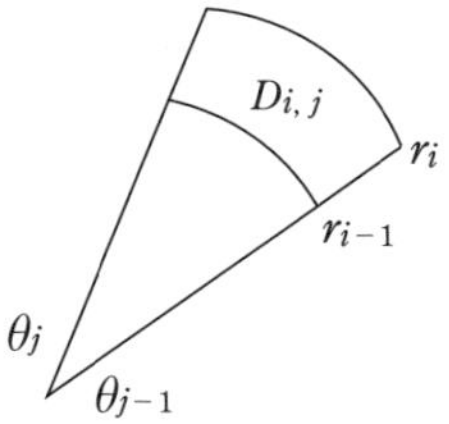

図 **6.7** 極座標

$$\begin{aligned}
S_{i,j} &= \frac{1}{2}r_i^2(\theta_j - \theta_{j-1}) - \frac{1}{2}r_{i-1}^2(\theta_j - \theta_{j-1}) \\
&= \frac{1}{2}(r_i^2 - r_{i-1}^2)(\theta_j - \theta_{j-1}) \\
&= \frac{1}{2}(r_i + r_{i-1})(r_i - r_{i-1})(\theta_j - \theta_{j-1}) \approx r_i(r_i - r_{i-1})(\theta_j - \theta_{j-1})
\end{aligned}$$

と近似される．したがって
$$\iint_D f(x,y)\,dx\,dy = \lim \sum_{i=1}^{m}\sum_{j=1}^{n} f(r_i\cos\theta_j, r_i\cos\theta_j) S_{i,j}$$

$$= \lim \sum_{i=1}^{m} \sum_{j=1}^{n} f(r_i \cos\theta_j, r_i \cos\theta_j) r_i (r_i - r_{i-1})(\theta_j - \theta_{j-1})$$

$$= \iint_G f(r\cos\theta, r\sin\theta) r\, dr\, d\theta$$

がいえる.

例題 6.20 2重積分 $\iint_D y\, dx\, dy$, $D : x^2 + y^2 \leqq 1, y \geqq 0$ を求めよ.

解答 D を極座標で表すと $G : 0 \leqq r \leqq 1, 0 \leqq \theta \leqq \pi$ となる. したがって、

$$\iint_D y\, dx\, dy = \iint_G (r\sin\theta) r\, dr\, d\theta = \int_0^1 r^2\, dr \int_0^\pi \sin\theta\, d\theta = \left[\frac{r^3}{3}\right]_0^1 [-\cos\theta]_0^\pi$$
$$= \frac{1}{3}(-\cos\pi + \cos 0) = \frac{1}{3}(1+1) = \frac{2}{3}$$

問 6.21 2重積分 $\iint_D x\, dx\, dy$, $D : x^2 + y^2 \leqq 1, x \geqq 0$ を求めよ.

例題 6.21 2重積分 $\iint_D (x^2 + y^2)\, dx\, dy$, $D : x^2 + y^2 \leqq 1$ を求めよ.

解答 D を極座標で表すと $G : 0 \leqq r \leqq 1, 0 \leqq \theta \leqq 2\pi$ となる. したがって

$$\iint_D (x^2 + y^2)\, dx\, dy = \iint_G r^2 r\, dr\, d\theta = \int_0^1 r^3\, dr \int_0^{2\pi} d\theta = \left[\frac{r^4}{4}\right]_0^1 [\theta]_0^{2\pi} = \frac{\pi}{2}$$

問 6.22 2重積分 $\iint_D x\, dx\, dy$, $D : x^2 + y^2 \leqq 1, x \geqq 0, y \geqq 0$ を求めよ.

◇ **発展** ◇

D が全平面 $-\infty < x < \infty, -\infty < y < \infty$ のとき, 広義の2重積分 $\iint_D e^{-x^2-y^2}\, dx\, dy$ を計算する. D を半径 R の円板 $D(R) : x^2 + y^2 \leqq R^2$ の

$R \to \infty$ の極限とみなして,
$$\iint_D e^{-x^2-y^2} \, dx \, dy = \lim_{R \to \infty} \iint_{D(R)} e^{-x^2-y^2} \, dx \, dy$$
と計算すればよい. 極座標では $D(R)$ は $G(R) : 0 \leqq r \leqq R, \, 0 \leqq \theta \leqq 2\pi$ と表せるので,
$$\iint_{D(R)} e^{-x^2-y^2} \, dx \, dy = \iint_{G(R)} e^{-r^2} r \, dr \, d\theta = \int_0^R e^{-r^2} r \, dr \int_0^{2\pi} d\theta$$
$$= 2\pi \int_0^R e^{-r^2} r \, dr$$
である. ここで $t = -r^2$ と置換積分すると, $dt = \dfrac{dt}{dx} dx = -2r \, dr$ から $r \, dr = -\dfrac{1}{2} dt$. したがって,
$$\int_0^R r e^{-r^2} \, dr = -\frac{1}{2} \int_0^{-R^2} e^t \, dt = \frac{1}{2} \left[e^t \right]_{-R^2}^0 = \frac{1 - e^{-R^2}}{2}$$
したがって
$$\iint_{D(R)} e^{-x^2-y^2} \, dx \, dy = (1 - e^{-R^2})\pi$$
となるので, 求める積分は
$$\iint_D e^{-x^2-y^2} \, dx \, dy = \lim_{R \to \infty} (1 - e^{-R^2})\pi = \pi$$
となることがわかる. ところで $e^{-x^2-y^2} = e^{-x^2} \cdot e^{-y^2}$ だから累次積分すると,
$$\pi = \iint_D e^{-x^2-y^2} \, dx \, dy = \int_{-\infty}^{\infty} e^{-x^2} \, dx \cdot \int_{-\infty}^{\infty} e^{-y^2} \, dy = \left(\int_{-\infty}^{\infty} e^{-x^2} \, dx \right)^2$$
である. これから
$$\int_{-\infty}^{\infty} e^{-x^2} \, dx = \sqrt{\pi}$$
であることがわかる.

節末問題

15. 次の重積分を求めよ.

(1) $\iint_D xy \, dx \, dy, \ D : x^2 + y^2 \leq 1, \ x \geq 0, \ y \geq 0$

(2) $\iint_D \sqrt{1 - x^2 - y^2} \, dx \, dy, \ D : x^2 + y^2 \leq 1$

問と節末問題の解答

問 **6.21** $\dfrac{2}{3}$

問 **6.22** $\dfrac{1}{3}$

15. (1) $\dfrac{1}{8}$ (2) $\dfrac{2\pi}{3}$

A

付録

　この付録では，定理の証明やテイラー級数を応用して $\log 2, \pi$ など，重要な無理数の値を求める方法を説明する．A.6 節では，本文 (4.3 節) で省略したロールの定理，平均値の定理，テイラーの定理の証明を与える．最後に A.7 節では，テイラーの定理のスタンダードな応用として，近似多項式，近似値について述べた．

A.1 公式 2.6 の証明

公式 2.6　合成関数の微分法

$u = g(x)$ が微分可能，$y = f(u)$ も微分可能な関数のとき，次の式が成り立つ．
$$\frac{dy}{dx} = \frac{dy}{du}\frac{du}{dx} = f'(g(x))\, g'(x)$$

証明　x は任意の値に固定し，h の関数を $k = g(x+h) - g(x)$ とおく．
$$\frac{dy}{dx} = \lim_{h \to 0} \frac{f(u+k) - f(u)}{h}$$
である．

以下，場合分けを行う．

(i) $k = g(x+h) - g(x)$ が絶対値が十分小さな h については 0 とならない場合
$$\frac{dy}{dx} = \lim_{h \to 0} \frac{f(u+k) - f(u)}{k} \times \frac{k}{h} = \lim_{k \to 0} \frac{f(u+k) - f(u)}{k} \times \lim_{h \to 0} \frac{k}{h}$$
$$= f'(u)g'(x) = f'(g(x))g'(x)$$

(ii) たとえば，図 A.1 のように h の関数 $k = k(h) = g(x+h) - g(x)$ が $h = 0$

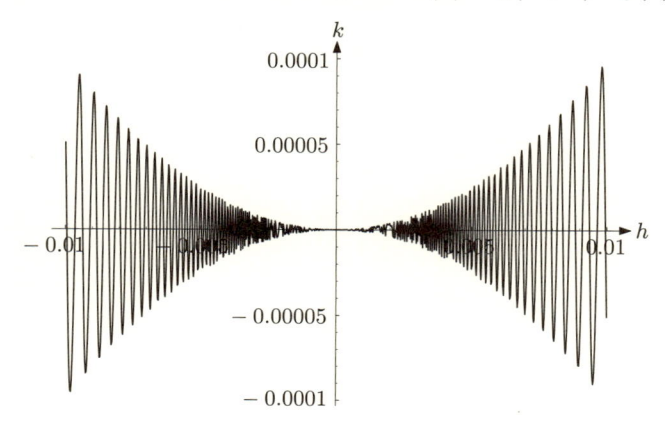

図 **A.1**　k が $h = 0$ の近くで激しく振動する例：$k = h^2 \sin \dfrac{1}{h}$ $(h \neq 0)$

の近くで激しく振動して，どんなに小さな $|h| > 0$ についても，$k(h) = 0$ となる h が無限にある場合

$$\frac{dy}{dx} = \lim_{h \to 0} \frac{f(u+k) - f(u)}{h}$$

$$= \begin{cases} \displaystyle\lim_{h \to 0, k \neq 0} \frac{f(u+k) - f(u)}{k} \times \frac{k}{h} = \lim_{k \to 0} \frac{f(u+k) - f(u)}{k} \times \lim_{h \to 0} \frac{k}{h} \\ \qquad\qquad\qquad\qquad\qquad = 0 \\ \displaystyle\lim_{h \to 0, k = 0} \frac{f(u+k) - f(u)}{h} = 0 \end{cases}$$

ここで，

$$\lim_{h \to 0, k \neq 0} \frac{f(u+k) - f(u)}{k} \times \frac{k}{h} = \lim_{h \to 0, k \neq 0} \frac{f(u+k) - f(u)}{k} \times \lim_{h \to 0, k \neq 0} \frac{k}{h}$$

$$= \lim_{k \to 0} \frac{f(u+k) - f(u)}{k} \times \lim_{h \to 0} \frac{k}{h} = 0,$$

$$\lim_{h \to 0} \frac{k}{h} = \lim \frac{g(x+h) - g(x)}{h} = 0$$

となることを用いた．よって，この場合，

$$\frac{dy}{dx} = 0$$

となる．

A.2　定理 5.5 の証明

> **定理 5.5**
>
> $\varphi(x)$ が $[a,b]$ を含む範囲で定義され，導関数 $\varphi'(x)$ が $[a,b]$ で積分可能なとき，
> $$\int_a^b \varphi'(x)\,dx = \varphi(b) - \varphi(a)$$
> が成り立つ．

証明　$\varphi'(x)$ が $[a,b]$ で定義されているので，$\varphi(x)$ は $[a,b]$ で連続である．

分割 $\Delta : a = x_0 < x_1 < \cdots < x_n = b$ に対して，平均値の定理より $\varphi(x_{j+1}) - \varphi(x_j) = \varphi'(c_{j+1})(x_{j+1} - x_j)$ となる $x_j < c_{j+1} < x_{j+1}$ が存在する．したがって，
$$S(\varphi'(x), \Delta) = \sum_{j=0}^{n-1} \varphi'(c_{j+1})(x_{j+1} - x_j) = \sum_{j=0}^{n-1}(\varphi(x_{j+1}) - \varphi(x_j)) = \varphi(b) - \varphi(a)$$
が成り立つ．$\varphi'(x)$ は積分可能なので，どんな c_j を選んでも分割の幅を限りなく 0 に近づければ公式を得る．

> **系**
>
> (i) 区間 $[a,b]$ 上の微分可能関数 $g(x)$ と区間 $g([a,b])$ 上の微分可能関数 $F(t)$ について合成関数の導関数 $\{F(g(x))\}' = F'(g(x))g'(x)$ が積分可能なとき，
> $$\int_a^b F'(g(x))g'(x)\,dx = \int_a^b \{F(g(x))\}'dx = [F(g(x))]_a^b$$
>
> **注意**　$g([a,b])$ という区間の表記は定義域 $[a,b]$ の連続関数 $g(x)$ の値域となる区間を表す．$g(x)$ は連続関数なので，最小値 m と最大値 M がある．中間値の定理から $g([a,b]) = [m, M]$ である．
>
> (ii) 区間 $[a,b]$ 上の微分可能関数 $f(x), g(x)$ について積の導関数 $\{f(x)g(x)\}' = f'(x)g(x) + f(x)g'(x)$ が積分可能ならば，
> $$\int_a^b \{f(x)g(x)\}'dx = \int_a^b (f'(x)g(x) + f(x)g'(x))\,dx = [f(x)g(x)]_a^b$$
> が成り立つ．

A.3　公式 5.3 の証明

> **公式 5.3**
>
> $\varphi(x)$ が $[a,b]$ を含む範囲で定義され，導関数 $\varphi'(x)$ が $[a,b]$ で積分可能ならば，$\varphi(x)$ が $x=a$ から $x=b$ まで動く範囲で積分可能な関数 $f(t)$ に対して
> $$\int_a^b f(\varphi(x))\varphi'(x)\,dx = \int_{\varphi(a)}^{\varphi(b)} f(t)\,dt$$
> が成り立つ．

証明　$\varphi(x)$ は導関数をもつので，連続である．連続な関数と積分可能関数の合成関数 $f(\varphi(x))$ は積分可能で，積分可能関数 $\varphi(x)$ との積 $f(\varphi(x))\varphi'(x)$ は $[a,b]$ で積分可能となる．分割 $\Delta : a = x_0 < x_1 < \cdots < x_n = b$ に対して $t_j = \varphi(x_j)$ とおくと，平均値の定理から $t_{j+1} - t_j = \varphi(x_{j+1}) - \varphi(x_j) = \varphi'(c_{j+1})(x_{j+1} - x_j)$ が成り立つ $x_j < c_{j+1} < x_{j+1}$ が存在する．

$$S(f(\varphi(x))\varphi'(x), \Delta) = \sum_{j=0}^{n-1} f(\varphi(c_{j+1}))\varphi'(c_{j+1})(x_{j+1} - x_j)$$
$$= \sum_{j=0}^{n-1} f(\varphi(c_{j+1}))(t_{j+1} - t_j) = S(f(t), \varphi(\Delta))$$

が成り立つ．ここに，$\varphi(\Delta)$ は $t_0, t_1, \cdots, t_n$ による $\varphi(a)$ と $\varphi(b)$ の間の分割を表す．あとは分割の幅を限りなく 0 に近づけて公式を得る．

A.4　公式 5.5 の証明

> **公式 5.5**
>
> $[a,b]$ を含む区間で定義された関数 $f(x)$ と $g(x)$ の導関数 $f'(x), g'(x)$ が $[a,b]$ で積分可能ならば,
> $$\int_a^b f(x)g'(x)\,dx = [f(x)g(x)]_a^b - \int_a^b f'(x)g(x)\,dx$$
> が成り立つ.

証明　$f(x), g(x)$ は微分可能なので連続関数となり, 連続関数と積分可能関数の積 $f'(x)g(x), f(x)g'(x)$ は積分可能となる. $\{f(x)g(x)\}' = f'(x)g(x) + f(x)g'(x)$ となり, $[a,b]$ で積分可能関数の和となるので $h(x) = f(x)g(x)$ とおくと,

$$\int_a^b h'(x)\,dx = \int_a^b f'(x)g(x)\,dx + \int_a^b f(x)g'(x)\,dx$$

$$\int_a^b f(x)g'(x)\,dx = [f(x)g(x)]_a^b - \int_a^b f'(x)g(x)\,dx$$

が成り立つ.

A.5 収束半径

一般に，テイラー級数が $|x| < r$ のとき収束し，$|x| > r$ のとき発散するような r をテイラー級数の**収束半径**という．

テイラー級数が収束して，もとの関数 $f(x)$ の値と一致するような x の範囲は，それぞれの関数について調べなければならないが，グラフを観察することによって推測できる場合も多い．

たとえば，関数 $\log(1+x)$ のテイラー級数

$$\log(1+x) = x - \frac{x^2}{2} + \frac{x^3}{3} - \cdots$$

を考えてみよう．左辺が定義される x の範囲は $x > -1$ であるが，図 A.2 からわかるように，この関数のテイラー級数を $2, 3, 4, \cdots$ 次の項までで切ってできる多項式のグラフをかいてみると，テイラー級数が収束する範囲は $-1 < x \leqq 1$ であると推測できる．実

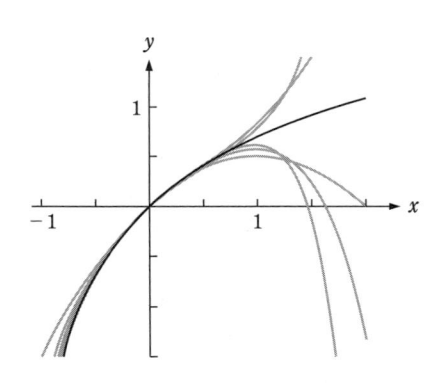

図 **A.2** $\log(1+x)$ とそのテイラー級数のグラフ

際，この推測は正しく，このテイラー級数の収束半径は 1 である．

いま，上の式の両辺において $x = 1$ とおくと

$$\log 2 = 1 - \frac{1}{2} + \frac{1}{3} - \cdots$$

となる．

テイラー級数がすべての x に対して収束して，もとの関数の値と一致するとき，テイラー級数の収束半径は ∞ であるという．

例題 A.1 関数 $\tan^{-1} x$ のテイラー級数

$$\tan^{-1} x = x - \frac{x^3}{3} + \frac{x^5}{5} + \cdots$$

は $-1 \leqq x \leqq 1$ で収束することが知られている．このことを用いて π を無限

級数で表す式を導け．

解答　$\tan^{-1} x$ のテイラー級数において $x = 1$ とおくと

$$\tan^{-1} 1 = 1 - \frac{1}{3} + \frac{1}{5} + \cdots$$

となる．ところが，$\tan^{-1} 1 = \dfrac{\pi}{4}$ であるから，

$$\frac{\pi}{4} = 1 - \frac{1}{3} + \frac{1}{5} + \cdots$$

したがって，両辺を 4 倍すると

$$\pi = 4 \left(1 - \frac{1}{3} + \frac{1}{5} + \cdots \right)$$

となる．

問 A.1　関数 $\sin^{-1} x$ のテイラー級数

$$\sin^{-1} x = x - \frac{1}{2 \times 3} x^3 + \frac{1 \times 3}{2! \times 2^2 \times 5} x^5 - \frac{1 \times 3 \times 5}{3! \times 2^3 \times 7} x^7 + \cdots$$

は $-1 < x < 1$ で収束することが知られている．このことを用いて π を無限級数で表す式を導け．

問 A.2　$\log \dfrac{1+x}{1-x}$ のテイラー級数を用いて，$\log 2$ の値を表す無限級数の式を導け．

問の解答

問 A.1 (解答例)

$x = \dfrac{1}{2}$ とおく．

$$\pi = 6 \left(\frac{1}{2} - \frac{1}{2^4 \times 3} + \frac{1 \times 3}{2! \times 2^7 \times 5} - \frac{1 \times 3 \times 5}{3! \times 2^{10} \times 7} + \cdots \right)$$

問 A.2　$2 \left(\dfrac{1}{3} + \dfrac{1}{3 \times 3^3} + \dfrac{1}{5 \times 3^5} + \cdots \right)$

A.6　平均値の定理・テイラーの定理の証明

◇ ロールの定理の証明

> **定理 A.1　ロールの定理**
>
> $f(x)$ が微分可能であって，$a, b\ (a < b)$ に対して $f(a) = f(b)$ ならば，
> $$f'(c) = 0 \quad \text{かつ} \quad a < c < b$$
> を満たす c が (少なくとも 1 つ) 存在する．

証明　区間 $[a, b]$ で $f(x)$ が定数ならば，a と b の間のどの c をとっても $f'(c) = 0$ であるから，定理は成り立つ．

$f(x)$ が定数でなければ，定理 1.3 より $f(x)$ は $a < c < b$ を満たす**ある** c において最大値 (または最小値) をとる．$f(x)$ は微分可能であるからこの点で曲線 $y = f(x)$ の接線が存在し，この接線は x 軸に平行でなければならない．したがって，この c について $f'(c) = 0$ が成り立つ． ∎

◇ 平均値の定理の証明

> **定理 A.2　平均値の定理**
>
> $f(x)$ が微分可能ならば，任意の $a, b\ (a < b)$ に対して
> $$f'(c) = \frac{f(b) - f(a)}{b - a} \quad \text{かつ} \quad a < c < b$$
> すなわち
> $$f(b) = f(a) + f'(c)(b - a) \quad \text{かつ} \quad a < c < b$$
> を満たす c が (少なくとも 1 つ) 存在する．

証明　$y = f(x)$ のグラフ上の 2 点を $\mathrm{P}(a, f(a))$，$\mathrm{Q}(b, f(b))$ とする．直線 PQ

の方程式は
$$y = f(a) + k(x-a) \quad \text{ただし} \quad k = \frac{f(b)-f(a)}{b-a}$$
である．
$$F(x) = f(x) - \{f(a) + k(x-a)\} = f(x) - f(a) - k(x-a)$$
とおくと，
$$F(a) = f(a) - f(a) - k(a-a) = 0,$$
$$F(b) = f(b) - f(a) - k(b-a) = 0$$
となるので，$F(x)$ は区間 $[a,b]$ においてロールの定理の仮定を満たす．したがって，
$$F'(c) = 0 \quad \text{かつ} \quad a < c < b$$
を満たす c が存在する．ここで，$F'(x) = f'(x) - k$ であるから
$$f'(c) = k \quad \text{かつ} \quad a < c < b$$
を満たす c が存在する． ∎

> **注意** 上の2つの定理は $f(x)$ が閉区間 $[a,b]$ で連続で，開区間 (a,b) で微分可能ならば，区間の端点 $x=a$ または $x=b$ では微分可能でなくても成り立つ．

◇ **平均値の定理の応用**

ここでは，平均値の定理から簡単に導かれる事実を述べよう．

定理 A.3

ある区間で $f'(x) = 0$ ならば，$f(x) = c$ (c は定数) である．

証明 その区間内に2点 $x_1 < x_2$ をとると，平均値の定理により
$$f(x_2) = f(x_1) + f'(c)(x_2 - x_1) \quad \text{かつ} \quad x_1 < c < x_2$$
を満たす点 c が存在する．仮定により $f'(c) = 0$ であるから，
$$f(x_2) = f(x_1)$$

ここで，x_1, x_2 は任意であるから，$f(x)$ は定数でなければならない．

　この定理により，ある区間で導関数が 0 になる関数はその区間上の定数関数に限られることがわかった．

例題 A.2　ある区間で $f'(x) = g'(x)$ ならば，$f(x) - g(x)$ はどのような関数か．

解答　$F(x) = f(x) - g(x)$ とおくと，
$$F'(x) = \{f(x) - g(x)\}' = f'(x) - g'(x) = 0$$
したがって，すぐ上の定理により，$F(x)$ はその区間の上の定数関数である．すなわち，
$$f(x) - g(x) = c \quad (c \text{ は定数})$$
である．

　この例題により，ある区間で導関数が一致する 2 つの関数はその区間上で定数関数の差を除いて一致することがわかった．

問 A.3　ある区間で $f'(x) = a$ (a は定数) ならば，$f(x)$ はどのような関数か．
(ヒント: $g(x) = ax$ とおいて，上の例題の結果を用いる．)

◇ **テイラーの定理**

　平均値の定理をさらに進めたものがテイラーの定理である．ここでは一般的な場合はやめて $n = 2$ の場合について証明しておく．

定理 A.4　テイラーの定理

$f(x)$ は a, b を含む区間で n 回微分可能とする．このとき
$$f(b) = f(a) + f'(a)(b-a) + \frac{f''(a)}{2!}(b-a)^2 + \cdots$$
$$+ \frac{f^{(n-1)}(a)}{(n-1)!}(b-a)^{n-1} + R_n,$$
ただし　$R_n = \frac{f^{(n)}(c)}{n!}(b-a)^n,$

かつ $a < c < b$ を満たす c が (少なくとも 1 つ) 存在する．

証明　$n = 2$ の場合．すなわち，$f(x)$ が a, b を含む区間で 2 回微分可能であるとき，
$$f(b) = f(a) + f'(a)(b-a) + \frac{f''(c)}{2!}(b-a)^2$$
かつ $a < c < b$ を満たす c が存在することを証明する．

まず，放物線
$$y = f(a) + f'(a)(x-a) + k(x-a)^2$$
が点 $\mathrm{Q}(b, f(b))$ を通るように定数 k の値を決めると
$$f(b) = f(a) + f'(a)(b-a) + k(b-a)^2$$
となる．$k = \dfrac{f''(c)}{2}$ を満たす c が a と b の間に存在することを示せばよい．

さて，関数
$$F(x) = f(b) - \{f(x) + f'(x)(b-x) + k(b-x)^2\}$$
$$= f(b) - f(x) - f'(x)(b-x) - k(b-x)^2$$
を考える．
$$F(a) = f(b) - f(a) - f'(a)(b-a) - k(b-a)^2 = 0$$
$$F(b) = 0$$

より，$F(x)$ はロールの定理 (p.187) の仮定を満たす．したがって，ある c $(a < c < b)$ が存在して $F'(c) = 0$ を満たす．ここで，$F'(x)$ を計算すると
$$F'(x) = -f'(x) + f'(x) - f''(x)(b-x) + 2k(b-x)$$
$$= -f''(x)(b-x) + 2k(b-x)$$
となるので，$F'(c) = \{-f''(c) + 2k\}(b-c)$ である．ゆえに，$F'(c) = 0$ かつ $a < c < b$ を満たす c について，$k = \dfrac{f''(c)}{2}$ が成り立つことが示された． ∎

問の解答

問 A.3 $f(x) = ax + b$，ただし，b は定数である．

A.7　テイラーの定理の応用

テイラーの定理では，剰余項が具体的な式で表示されていることが大きな力を発揮する．テイラーの定理の応用には 2 通りの道筋がある．ひとつの道筋は，テイラーの定理において $n \to \infty$ とする考察から得られ，もうひとつは，$x \to a$ とする考察から得られる．

◇ **テイラー級数**

$f(x)$ が無限回微分可能であるときは，テイラーの定理

$$f(x) = f(a) + f'(a)(x-a) + \frac{f''(a)}{2!}(x-a)^2 + \cdots + \frac{f^{(n-1)}(a)}{(n-1)!}(x-a)^{n-1} + R_n$$

がすべての自然数 n に対して成り立つ．そこで，$n \to \infty$ としてみよう．このとき，もし $R_n = \dfrac{f^{(n)}(a+\theta(x-a))}{n!}(x-a)^n \to 0$ となるならば，$f(x)$ は次のような無限級数で表されることになる．

$$f(x) = f(a) + f'(a)(x-a) + \frac{f''(a)}{2!}(x-a)^2 + \cdots$$

この級数を $f(x)$ の $x = a$ における**テイラー級数**という (4.2 節)．とくに $a = 0$ の場合は次のようになる．

$$f(x) = f(0) + f'(0)x + \frac{f''(0)}{2!}x^2 + \cdots$$

例題 A.3　$\sin x$ のテイラー級数が，すべての x について $\sin x$ に収束することを実際に剰余項を評価することによって示せ．

解答　$\sin x$ のテイラー級数の剰余項

$$R_n = \frac{1}{n!} \sin\left(\theta x + \frac{n\pi}{2}\right) x^n$$

において，x を任意に固定して $n \to \infty$ とした極限を考えよう．まず，$|\sin(\cdots)| \leqq 1$ より，

$$|R_n| \leqq \frac{1}{n!} |x|^n$$

となる．ここで，$2|x| \leq m$ なる整数 m を任意に固定すると，
$$\frac{1}{n!}|x|^n = \frac{|x|^m}{m!}\frac{|x|^{n-m}}{(m+1)(m+2)\cdots n} \leq \frac{|x|^m}{m!}\left(\frac{1}{2}\right)^{n-m} \to 0 \quad (n \to \infty)$$
となる．したがって，$\sin x$ のテイラー級数はすべての x について $\sin x$ に収束する．

問 A.4 $\cos x$ のテイラー級数が，すべての x について $\cos x$ に収束することを実際に剰余項を評価することによって示せ．

◇ 近似多項式

テイラーの定理
$$f(x) = f(0) + f'(0)x + \frac{f''(0)}{2!}x^2 + \cdots + \frac{f^{(n-1)}(0)}{(n-1)!}x^{n-1} + R_n$$
において，もし $f^{(n)}(x)$ が $x = 0$ を含むある区間 $-a \leq x \leq a$ で連続ならば，その区間における $|f^{(n)}(x)|$ の最大値を M とすると
$$\left|\frac{R_n}{x^{n-1}}\right| = \left|\frac{f^{(n)}(\theta x)}{n!}\right||x| \leq \frac{M}{n!}|x| \to 0 \quad (x \to 0)$$
となることから
$$\lim_{x \to 0}\frac{R_n}{x^{n-1}} = 0$$
が成り立つ．すなわち，$f(x)$ のテイラー級数を x^{n-1} 次の項までで切ってできる多項式と $f(x)$ との差は，$x \to 0$ のとき x^{n-1} よりも速く 0 に近づく．

一般に，2 つの関数 $f(x), p(x)$ に対して，両者の差 $f(x) - p(x)$ が $x \to 0$ のとき x^n よりも速く 0 に近づくとき
$$f(x) \approx p(x) \quad (x \to 0)$$
と書く．特に，$p(x)$ が x の n 次以下の多項式であるとき，$p(x)$ は $x = 0$ における $f(x)$ の n 次の**近似多項式**であるという．たとえば，$x, x - \dfrac{x^3}{3!}$, $x - \dfrac{x^3}{3!} + \dfrac{x^5}{5!}$ はそれぞれ $x = 0$ における $\sin x$ の 1 次，3 次，5 次の近似多項

式である．また，$x=0$ において $y=f(x)$ のグラフに引いた接線の方程式は $y=f(0)+f'(0)x$ であるが，この右辺は $f(x)$ の 1 次の近似多項式に他ならない．

例題 A.4 関数 $\dfrac{x}{e^x-1}$ の $x=0$ における 2 次の近似多項式を求めよ．

解答 $e^x \approx 1+x+\dfrac{x^2}{2}+\dfrac{x^3}{6}$ より

$$\frac{x}{e^x-1} \approx \frac{1}{1+\dfrac{x}{2}+\dfrac{x^2}{6}}$$

ここでさらに近似式

$$\frac{1}{1+t} \approx 1-t+t^2 \quad (t \to 0)$$

を用いると

$$\text{与式} \approx 1-\left(\frac{x}{2}+\frac{x^2}{6}\right)+\left(\frac{x}{2}+\frac{x^2}{6}\right)^2 \approx 1-\frac{x}{2}+\frac{x^2}{12} \quad (x \to 0)$$

となる．

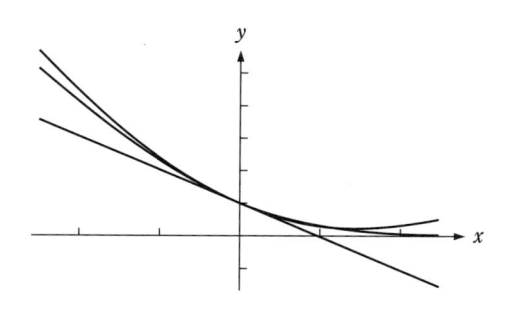

図 **A.3** $x=0$ で近似する 1 次と 2 次の多項式

問 A.5 次の関数の $x=0$ における 3 次の近似多項式を求めよ．
(1) $\dfrac{x}{\sin x}$ (2) $\dfrac{1}{\sin x+\cos x}$ (3) $\dfrac{1}{\sin x}-\dfrac{1}{x}$

◇ 近似値

テイラーの定理の $n = 2$ の場合，すなわち

$$f(x) = f(0) + f'(0)x + \frac{f''(\theta x)}{2}x^2$$

から，$x = 0$ の近くでは関数 $f(x)$ を1次式 $f(0) + f'(0)x$ で近似することができる．このとき，もし $|f''(x)| \leq M$ であるとすれば，誤差の大きさ $|R_2|$ は

$$|R_2| = \left|\frac{f''(\theta x)}{2}x^2\right| \leq \frac{M}{2}|x|^2$$

を満たす．$|R_2| \leq \delta$ を満たす数 δ を**誤差の限界**という．

例題 A.5 $\sin 1°$ の近似値を求めよ．また，そのときの誤差の限界を求めよ．

解答 $f(x) = \sin x$ として上の近似式を用いると，$f(0) = 0, f'(0) = 1$ より

$$\sin x = x + R_2$$

となる．ここで，$x = 1° = \pi/180$ として

$$\sin 1° = \sin\frac{\pi}{180} \approx \frac{\pi}{180} = 0.0174533$$

また，$|f''(\theta x)| = |-\sin(\theta x)| \leq 1$ より

$$|R_2| \leq \frac{1}{2}|x|^2 = 0.5 \times 0.0174533^2 = 0.000152309$$

注：正確な値は $\sin 1° = 0.0174524$ である．

問 A.6 $\sqrt{63}$ の近似値を求めよ．また，そのときの誤差の限界を求めよ．
(ヒント：$f(x) = 8\sqrt{1+x}$ として近似式を書き下し，$x = -\dfrac{1}{64}$ を代入する．なお，正確な値は 7.93725 である．)

付録末問題

1. e^x のテイラー級数がすべての x について e^x に収束することを実際に剰余項を評価することによって示せ．

2. 次の関数の $x=0$ における 3 次の近似多項式を求めよ．
  (1) $\dfrac{x}{e^x - 1}$ (2) $\dfrac{x}{\log(1+x)}$

3. 次の各値の近似値を求めよ．また，そのときの誤差の限界を求めよ．
  (1) $\cos 1°$ (2) $\sqrt{50}$

問と付録末問題の解答

問 **A.4** 省略．

問 **A.5** (1) $1 + \dfrac{x^2}{6}$ (2) $1 - x + \dfrac{3}{2}x^2 - \dfrac{11}{6}x^3$

(3) $\dfrac{1}{6}\left(x + \dfrac{7x^3}{60}\right)$

問 **A.6** $\sqrt{63} = \sqrt{64-1} = 8\sqrt{1-\dfrac{1}{64}}$ なので，$f(x) = 8\sqrt{1-x}$ とおくと，$\sqrt{63} = f\left(\dfrac{1}{64}\right)$ である．$f(0) = 8, f'(0) = -4$ より

$$8\sqrt{1-x} = 8 - 4x + R_2$$

となる．ここで，$x = \dfrac{1}{64}$ として

$$\sqrt{63} \approx 8 - 4 \times \dfrac{1}{64} = 7.9375$$

また，$|f''(\theta x)| = \left|-2(1-\theta x)^{-\frac{3}{2}}\right| < 2\left(1 - \dfrac{1}{64}\right)^{-\frac{3}{2}} < 3$ より

$$|R_2| = \dfrac{1}{2!}|f''(\theta x)|x^2 < \dfrac{1}{2} \times 3 \times \left(\dfrac{1}{64}\right)^2 = 0.000732$$

である．

1. 省略

2. (1) $1 - \dfrac{x}{2} + \dfrac{x^2}{12}$ (2) $1 + \dfrac{x}{2} - \dfrac{x^2}{12} + \dfrac{x^3}{24}$

3. (1) 近似値は 1 で，誤差の限界は $|R_2| \leqq 0.000152309$ である．

(2) $f(x) = 7\sqrt{1+x}$ において $f\left(\dfrac{1}{49}\right)$ を求めればよい. 近似値は

$$\sqrt{50} \approx 7 + 3.5 \times \dfrac{1}{49} = 7.07143$$

また, $|f''(\theta x)| = \left|\dfrac{-7}{4(1+\theta x)^{\frac{3}{2}}}\right| < \dfrac{7}{4\left(1+\frac{1}{49}\right)^{\frac{3}{2}}} < \dfrac{7}{4}$ より

$$|R_2| = \dfrac{1}{2!}|f''(\theta x)|x^2 < \dfrac{1}{2} \times \dfrac{7}{4} \times \left(\dfrac{1}{49}\right)^2 = 0.000364431$$

である.

索 引

あ 行

陰関数, 147
陰関数定理, 148
上に凸, 96
右側極限値, 7
n 階導関数, 69
n 回微分可能, 69

か 行

開区間, 2
階乗, 12
可積分条件, 153
片側極限値, 7
基本的な関数の積分公式, 54
逆関数, 3
逆三角関数の微分法, 48
極限値, 3
極限の公式, 42
極小, 94, 159
極小値, 94, 159
極大, 94, 159
極大値, 94, 159
極値, 94, 159
近似多項式, 193
グラフ, 3
原始関数, 52
減少, 3

減少関数, 3
減少する, 92
広義積分, 120
広義積分可能, 120
合成関数, 3
合成関数の微分法, 34
誤差の限界, 195

さ 行

最大値最小値の定理, 8
左側極限値, 7
3 階導関数, 68
C^n 級, 145
自然対数, 12
自然対数の底, 13
下に凸, 95
周期, 17
周期関数, 17
収束半径, 185
従属変数, 2
主値, 22, 23
商の微分法, 36
剰余項, 85
積の微分法, 32
積分可能, 105, 168
積分する, 53
積分定数, 53
積分変数, 109
積和公式, 19

接平面, 139
線積分, 151
全微分, 141
全微分可能, 141
増加, 3
増加関数, 3
増加する, 92
増減表, 92

た 行

単調, 3
値域, 2
置換積分, 58
中間値の定理, 8
定義域, 2
定積分, 105
テイラー級数, 75, 76, 192
テイラー展開, 86
テイラーの定理, 85, 157, 190
導関数, 28
峠点, 161
独立変数, 2

な 行

2 階導関数, 68
2 重積分, 168

ネピアの数, 12

は　行

倍角公式, 19
はさみうちの原理, 6
発散する, 4
半角公式, 19
微分可能, 27
微分形式, 153
微分係数, 26
微分する, 28
微分積分学の基本定理, 109
符号付きの体積, 168
符号付きの面積, 105
不定形, 5

不定形の極限値, 88
不定積分, 52
部分積分, 63
平均値の定理, 81–83, 187
閉区間, 2
変曲点, 96
偏導関数, 138
偏微分可能, 138
偏微分係数, 138
偏微分する, 138
ボルツマン分布, 165

ま　行

マクローリン級数, 76
マクローリン展開, 86

無限回微分可能, 69

ら　行

ラグランジュの未定係数法, 162
領域, 134
累次積分, 169
連続, 7
ロピタルの定理, 89
ロールの定理, 80, 187

わ　行

和積公式, 19

分担執筆者

第1章,第2章,第6章 6.1〜6.5	石川琢磨	東京工芸大学
第3章,第4章 4.1〜4.5,付録	植野義明	東京工芸大学
第4章 4.6,第5章,第6章 6.6〜6.10	中根静男	東京工芸大学

微分積分学 (びぶんせきぶんがく)

2008年11月10日　第1版　第1刷　発行
2022年 2月25日　第1版　第8刷　発行

著　者　石川琢磨
　　　　植野義明
　　　　中根静男

発行者　発田和子

発行所　株式会社　学術図書出版社

〒113-0033　東京都文京区本郷5丁目4の6
TEL 03-3811-0889　振替 00110-4-28454
印刷 三松堂印刷(株)

定価はカバーに表示してあります.

本書の一部または全部を無断で複写(コピー)・複製・転載することは,著作権法でみとめられた場合を除き,著作者および出版社の権利の侵害となります.あらかじめ,小社に許諾を求めて下さい.

Ⓒ 2008　T. ISHIKAWA　Y. UENO　S. NAKANE
Printed in Japan
ISBN978-4-7806-0111-4　C3041